U0151359

爱健康 ｜ 爱生活　凤凰含章
Phoenix-HanZhang

吃对素食
健康满分

生活新实用编辑部　编著

江苏凤凰科学技术出版社·南京

您吃对素食了吗

现在，身边越来越多的养生人士开始推崇吃素，放眼全球，吃素的人群也在逐年增加。

有研究表明，膳食纤维可以促进胃肠蠕动，加速体内代谢物质的排出，进而减少罹患大肠癌等病症的风险。蔬果中大量的维生素与矿物质也是呵护身体健康的好帮手。但整体而言，人类食谱以杂食为佳，从人类的进化角度看，杂食更贴近身体需求，也更符合健康理念。有些朋友在刚开始接触素食时，观点难免偏颇，下面我们就谈一谈一些常见的素食误区。

首先，如果拒绝吃肉，那就应当务必保证对蛋奶的充分摄取，以满足身体对蛋白质的需求，并且也要注重其他营养物质的补充，保证营养均衡。

其次，不管吃不吃肉，日常在烹饪食物时都要注意严格控制盐、油、糖的用量。吃一盘重油重盐的炒青菜也算不上健康，给人体带来的负担甚至可以与大鱼大肉相提并论。

最后，有些朋友觉得自己日常饮食以素食为主，摄入的肉类并不多，因此就少运动甚至从不运动，认为这对身体不会有什么影响，这样的想法也是不恰当的。即便以素食为主，日常适当的运动也必不可少。适度的运动不仅能促进身体新陈代谢，还能增强人体免疫力，帮助我们提高身体素质，有助于抵御各类慢性疾病的侵袭。

总之，吃对素食更像是一门学问，需要我们用心对待，绝不是每天吃点青菜、喝点果汁。

本书从健康吃素的角度出发，分析了均衡素食对人体的好处，为大家拆解了常见素食食材的营养价值及适当的烹饪方式，并贴心地给出了简单易操作的素食食谱，兼有该食谱对应的食疗作用。希望读者朋友们能够有针对性地选择适合自己的素食食谱，均衡摄取营养，呵护全家健康。

此外，长期坚持素食的朋友们，可在日常生活中适当吃一些坚果，如花生、核桃、杏仁、开心果、松子等。坚果中丰富的不饱和脂肪酸有助于身体健康，能够增强素食者的脑力，促进新陈代谢，并能起到一定的预防心脑血管疾病的效果。不过要注意的是，因坚果脂肪含量高，热量高，患有高脂血症、高血压及高血糖的朋友需要严格控制摄入量，否则反而容易给身体带来负担。

荤素搭配、均衡膳食是我们人类最健康的饮食方式。希望读者朋友们能在选择吃素的过程中，选好食材，用对方法，吃得营养又健康，助力延年益寿。

会吃素，身体零负担

你吃素吗？过去许多人认为吃素是老年人的专利，甚至还有人认为，吃素是十分过时的。

如果你还抱着这种刻板印象，那就要赶紧阅读本书了。

你知道吗？世界各地的素食人口，目前正以非常快的速度增长。亚洲各地被一股以素食为主的饮食风潮席卷，其中包括原本就习惯素食的国家如印度；而原本偏重于肉类饮食的西方国家，如德国与美国，近年来也有许多人纷纷加入素食的行列。

当今世界各大城市，素食食品店与素食餐厅如同雨后春笋般地出现。就连以香肠与汉堡闻名的德国，现在街头巷尾开店速度最快的餐饮店也正是素食连锁餐饮店。

许多世界知名影星都开始吃素，因此形成一股时尚无比的吃素风潮。纽约顶尖的餐厅与酒吧，现今也都因应日益增长的素食人口，而纷纷推出素食的餐点来紧跟市场潮流。

在世界各先进国家，人们选择素食一方面是基于自身的健康状况，希望追求更为健康的身心状态；再者有的人是基于保护地球的缘故，希望通过多食用素食，来降低肉类对于环境造成的破坏。

面对这股时髦的素食潮流，你怎能不加紧脚步跟上呢？本书从浅显的素食健康观念切入，希望带

动更多关心自身健康的人们加入多素食的行列。你不需要完全吃素，也不需要严格规定自己只能茹素，从此与肉类绝缘。

　　不管你的素食理由是什么，我们希望你是因为喜欢素食，热爱素食的营养成分，而加入素食行列的。轻松、能互相分享、弹性健康的素食饮食观，是我们推崇与乐见的。

　　最近由于不合格的肉食引发的各种疫情正蔓延全球，动物类食物的不安全性更引发人们的关注。这时，追求天然与洁净的素食饮食便更切合人们自身的健康需求，同时还利于环保，何乐而不为呢？

吃对美味养生素

过去很多人因为生了一场大病就开始吃素，但是没有吃对素，导致体重直线上升，甚至还罹患痛风等疾病。因此想要健康素食，首先要确认素食来源以及烹调方式没有问题。

为了延长保存期限、提升口感、满足外观视觉等因素，许多素食中都会添加很多盐、油脂、防腐剂、调味料等化学物质，因此如果不慎选错素食，则可能越吃越不健康。

素食原料的来源，大多限于大豆蛋白及魔芋制品，如果素食者的食物来源中缺少全谷类、乳制品、蛋类，势必会造成营养的不均衡，如此一来，就有可能影响身体的免疫功能。

许多女性喜欢以素食减肥，但是如果长期不当地食用素食，就容易造成月经不调、排卵困难或易患骨质疏松症。根据研究指出，女性只要超过四天热量摄取过低，就会导致内分泌功能紊乱，甚而影响月经周期。

另外，如果摄取过多的纤维，容易使雌激素水平下降，而造成内分泌功能异常。因此必须注意选择质和量皆平衡的素食，否则减肥不成，反而会影响身体健康。

对很多女性来说，选择错误的素食可能会导致贫血。因为人体对植物性食物所含铁的吸收率远不如动物性食物所含铁，如果餐后没有补充富含维生素C的水果，有可

能使铁吸收不足，从而产生贫血。所以建议在用餐前后适量食用富含维生素C的水果，让维生素C促进铁的吸收，避免贫血的发生。

其实素食是一种生活态度，开行素食前必须要有充分的准备、正确的认知。因为素食主义是一种身心同步的修行，如果饮食都以素食为主，但是心中的贪欲、嗔恨仍放不下，那么素食也未必能真的促进身心健康。

本书除了对素食做系统的介绍外，也列举了很多有效的素食方式，让"吃好素、吃对素"的健康饮食方式落实于你的生活中，让你的健康跟素食有效地连接起来。

另外，书中也介绍了许多有效的素食菜单，以便于你和你的亲友更好地利用食疗增进自身的健康。

不论你是长期素或是偶尔吃素的朋友，都希望本书能给你带来更多的健康与快乐。

目 录

CONTENTS

Part 3 生活保健的素食食疗

Part 4　慢性病症的素食食疗

附录 加工素食产品简介

如何使用本书

本书第二部分针对常见、易做的素食食材，详细介绍了健康满分的蔬果素食、食疗效果、选购方法、营养分析等，每种食材后附2道美味、超人气的素食菜肴，让你享受不一样的好滋味。

● **适用者／不适用者**
宜食与忌食的人群。

● **Point**
以一句话介绍食材的营养精华。

● **保健功效**
食疗保健功效。

● **营养价值**
列出食材含有的各种营养素。

● **食疗效果**
介绍食材的各种饮食疗效以及注意事项。

● **选购达人**
介绍挑选、清洗、烹调的小技巧，是超实用的食材选购指南。

● **营养成分表**
以表格呈现食材主要的营养成分。

● **食用方法**
食材小知识全公开。

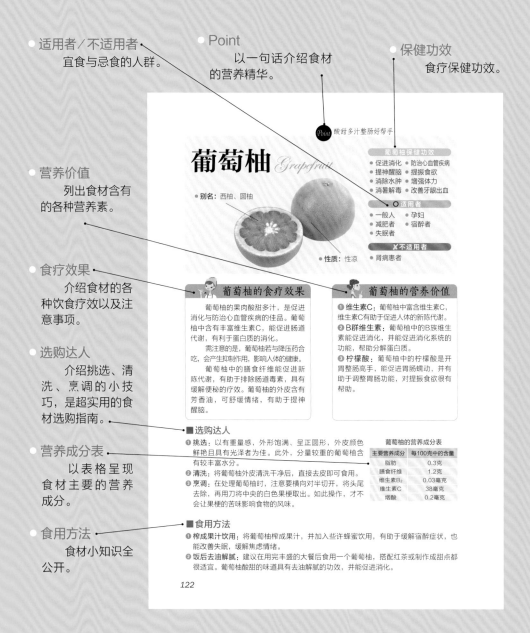

Point 酸甜多汁整肠好帮手

葡萄柚 *Grapefruit*

● **别名**：西柚、圆柚

● **性质**：性凉

葡萄柚保健功效
● 促进消化　● 防治心血管疾病
● 提神醒脑　● 提振食欲
● 消除水肿　● 增强体力
● 消暑解毒　● 改善牙龈出血

○ 适用者
● 一般人　　● 孕妇
● 减肥者　　● 宿醉者
● 失眠者

✕ 不适用者
● 肾病患者

葡萄柚的食疗效果

葡萄柚的果肉酸甜多汁，是促进消化与防治心血管疾病的佳品。葡萄柚中含有丰富维生素C，能促进肠道代谢，有利于蛋白质的消化。

需注意的是，葡萄柚若与降压药合吃，会产生抑制作用，影响人体的健康。

葡萄柚中的膳食纤维能促进新陈代谢，有助于排解肠道毒素，具有缓解便秘的疗效。葡萄柚的外皮含有芳香油，可舒缓情绪，有助于提神醒脑。

葡萄柚的营养价值

❶ **维生素C**：葡萄柚中富含维生素C，维生素C有助于促进人体的新陈代谢。

❷ **B群维生素**：葡萄柚中的B族维生素能促进消化，并能促进消化系统的功能，帮助分解蛋白质。

❸ **柠檬酸**：葡萄柚中的柠檬酸是开胃整肠高手，能促进胃肠蠕动，并有助于调整胃肠功能，对提振食欲很有帮助。

■选购达人

❶ **挑选**：以有重量感，外形饱满、呈正圆形，外皮颜色鲜艳且具有光泽者为佳。此外，分量较重的葡萄柚含有较丰富水分。

❷ **清洗**：将葡萄柚外皮清洗干净后，直接去皮即可食用。

❸ **烹调**：在处理葡萄柚时，注意要横向对半切开，将头尾去除，再用刀将中央的白色果梗取出。如此操作，才不会让果梗的苦味影响食物的风味。

葡萄柚的营养成分表	
主要营养成分	每100克中的含量
脂肪	0.3克
膳食纤维	1.2克
维生素B₂	0.03毫克
维生素C	38毫克
烟酸	0.2毫克

■食用方法

❶ **榨成果汁饮用**：将葡萄柚榨成果汁，并加入些许蜂蜜饮用，有助于缓解宿醉症状，也能改善失眠，缓解焦虑情绪。

❷ **饭后去油解腻**：建议在用完丰盛的大餐后食用一个葡萄柚，搭配红茶或制作成甜点都很适宜。葡萄柚酸甜的味道具有去油解腻的功效，并能促进消化。

122

❶ 保健功效
　　此道菜肴的主要保健功效。

❷ 营养分析档案
　　热量、糖类、蛋白质、脂肪、膳食纤维，5个营养数据的分析。

❸ 吃出食疗力
　　此道菜肴的主要食疗功效、营养价值。

天然食材，吃出健康活力

① 爽口开胃＋改善便秘

清肠排毒＋增强代谢功能

❷

葡萄酒醋拌香柚 ①人份

营养分析档案
● 热　量：273.0千卡　● 糖　类：48.0克
● 蛋白质：2.1克　● 膳食纤维：3.9克
● 脂　肪：9.4克

材料　　　　　**调味料**
葡萄柚……300克　葡萄酒醋……1大匙
粉丝……1/2卷　　橄榄油……1小匙
　　　　　　　　盐……1/2小匙
　　　　　　　　胡椒……1/4小匙

做法
❶ 将葡萄柚洗净，去皮、去籽，切成块。
❷ 将粉丝泡软，切成长段。
❸ 将葡萄柚果肉块与粉丝混合，加入橄榄油、葡萄酒醋搅拌，再加盐与胡椒调味即可。

吃出食疗力
　　葡萄柚加入粉丝，以橄榄油与葡萄酒醋调味，既爽口又开胃，有助于提振食欲，还能促进胃肠分泌消化液，并能改善便秘症状。

蜂蜜葡萄柚汁 ①人份

营养分析档案
● 热　量：313.5千卡　● 糖　类：76.6克
● 蛋白质：4.2克　● 膳食纤维：7.2克
● 脂　肪：1.8克

材料　　　　　**调味料**
葡萄柚……1个　　蜂蜜……2大匙

做法
❶ 将葡萄柚洗净去皮，果肉去籽切成小块。
❷ 将葡萄柚果肉块放入果汁机中打成果汁，加入蜂蜜调味即可。

❸

吃出食疗力
　　葡萄柚中的膳食纤维能清除肠道毒素；所含的维生素C能增强人体代谢功能；所含的柠檬酸能促进胃肠蠕动，有助于预防便秘。

123

注意事项
　　＊本书从健康素食、弹性素食的角度入手，在食材选择上并不限制五辛（葱、蒜、韭菜、兴渠、蕗荞）、乳制品类、蛋类等，读者可依自身口味或习惯调整。
　　＊本书食谱单位换算：1杯（固体）≈250克　1杯（液体）≈250毫升
　　　　　　　　　　　　1大匙（固体）≈15克　1大匙（液体）≈15毫升
　　　　　　　　　　　　1小匙（固体）≈5克　1小匙（液体）≈5毫升

164道天然健康素料理

Part 1
吃对素食，健康加分

素食已成为全球流行的时尚风潮，

素食主义不仅是爱护动物的象征，

更是环保、乐活的代名词，

多吃素食让你元气满满，

远离疾病，为健康加分！

Chapter 1

乐活吃素Q&A

吃素不够营养吗？孕妇可以吃素吗？以下列出各种素食的常见问题，解答你对素食的疑惑。

Q 怀孕期间可以吃素吗？

建议采取蛋奶素，摄取蛋奶中的蛋白质

A 怀孕期间的女性若想要吃素，建议采取蛋奶素。因为蛋白质和脂肪大多存在于动物类食品中，如果采取严格的纯素饮食，可能会导致营养摄入不足。怀孕中的女性需要较丰富的蛋白质与热量，建议食用足够的黄豆与豆制品，并多饮用牛奶，以确保对蛋白质的足量摄取。

此外，女性怀孕与分娩的过程中需要大量的铁，因此怀孕女性应该多补充铁。建议多选择黄豆、红枣、黑糯米、葡萄干、黑芝麻等食物，并搭配含维生素C的食物一起食用，才能确保铁充分被人体吸收。

Q 产妇吃素怎么坐月子？

多吃深绿色蔬菜能帮助补血，还能改善便秘

A 怀孕期间的女性因激素变化会出现因肠道蠕动变慢导致的便秘症状，而蔬菜中的膳食纤维较多，多食用蔬菜能使症状得到有效的改善。

坐月子期间的产妇应多吃含有蛋白质的黄豆制品、牛奶、蛋类、豆荚类与坚果类，并多吃添加铁的调配谷类食品、深绿色蔬菜、黑芝麻、全麦食品等，有利于补血。

此外，产妇可以多食用色彩鲜艳的蔬菜，如胡萝卜、彩色甜椒、红凤菜、苦瓜等，有助于获取充足的维生素A；也可以多吃胚芽米类的谷物，这样能获取充足的B族维生素。

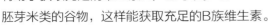

Q 长期吃素会不会造成营养不良？

把握均衡摄取的原则，素食者也可以很健康

A 其实素食的食材非常丰富，人体所需要的五大营养素完全可以从植物性食物中获取。最容易摄取糖类的食物就是五谷杂粮，而豆类、谷类、水果、蔬菜中都含有丰富的蛋白质，绿叶蔬菜、水果、五谷类及豆类则含有丰富的维生素与矿物质。只要把握均衡摄取的原则，做到吃素也注意食物的多样化，就不会出现营养不良的现象。

Q 吃素容易变胖吗？

少吃高热量的坚果类，多吃高纤维的瓜果类，能防虚胖

A 想要吃素不变胖，首先要少吃脂肪含量高的坚果类食物，坚果类食物有较高热量，食用过多，脂肪会在体内堆积，建议饥饿时尽量选择酸奶或水果作为点心。此外，要避免食用糖分较高的水果，尽量多食用高纤维与水分足的水果，如瓜类、苹果来增强自身的代谢能力。

减少豆制品的食用量，增加新鲜豆类的食用比例。因为豆制品含油量较高，同时也含有较多的淀粉，容易导致虚胖。想要减肥者不妨多食用新鲜豆类来提高自身的代谢能力。

此外，食用黄瓜、冬瓜、香菇、玉米等食物，也可以预防身体浮肿虚胖。

Q 吃素需要特别补充什么营养？

蛋白质、铁与B族维生素，是素食者较易缺乏的营养素

A 如果素食者很少吃豆类，或因为减肥、缺乏食欲而少吃豆类，都很有可能会造成蛋白质摄取不足的情况出现。因此建议适量食用豆类食物来补充蛋白质的摄取。

另外，植物性食物中虽然含有丰富的铁，但是其所含的铁不及动物性食物中的铁容易被人体吸收，因此素食者有可能出现铁吸收率较低的问题。建议将含有铁的素食搭配含有维生素C的食物一起食用，因为维生素C能促进铁的吸收。

B族维生素，尤其是维生素B_{12}，大多存在于动物性食品与乳制品中，因此素食者容易出现B族维生素缺乏的症状，建议适量补充B族维生素营养补充剂。

Q 多吃素会比较健康长寿吗？

多食用水果、谷类与蔬菜有利于预防癌症，防治慢性疾病

A 水果、谷类与蔬菜都已经被证实能预防与抵抗癌症。水果与蔬菜中含有丰富的类胡萝卜素、维生素C、维生素E、硒、类黄酮、多酚类物质，这些营养物质都是良好的防癌营养素。

此外，谷类与蔬菜中的膳食纤维有助于预防结肠癌，所以多吃素食有利于延年益寿，预防慢性病与癌症。

Q 为什么有些素食者血脂偏高？

过量食用蛋黄及油炸食品，会使血脂升高

A 蛋黄通常为素食者的主要胆固醇来源。建议血脂偏高的素食者每周食用的蛋黄量要限制在2个以内，这样能有效控制胆固醇的摄取量。

另外，素食者也要尽量控制油脂的摄取量，避免吃太多油炸或油煎的食物，可多采用水煮、清蒸或凉拌的方式来进行烹调。

Q 吃素要如何补钙？

多吃豆类，尤其是黄豆，因其含有丰富的钙

A 不需要担心吃素无法摄取足够的钙。许多植物性食物中就含有丰富的钙，蔬菜、豆类、水果都是钙的良好来源，特别是豆类中的黄豆，含有丰富的钙。

素食食材的钙含量

食物种类（每100克）	钙含量（单位：毫克）
糙米	13
低筋面粉	18
菜豆	27
毛豆	38
豌豆	44
绿豆	141
黄豆	217

Q 吃素可以防癌吗？

膳食纤维可以促进体内毒素排出，降低患癌概率

A 我们的体内累积了不少未经代谢与分解的毒素，新鲜蔬菜与五谷杂粮中的膳食纤维可以帮助我们将累积在肠道中的废弃物排出体外，发挥解毒与排毒的作用。

大部分的蔬菜、水果与五谷杂粮中都含有维生素C，维生素C可以减少饮食中的亚硝酸盐，避免其转化为致癌物质亚硝胺。许多素食中含有多种防癌物质，例如木质素，增加这些素食的食用量，就能降低罹患癌症的概率，因此多吃素食可以有效防癌。

Q 素食为什么对环保有帮助？

畜牧过程会加速温室效应，排出大量废气

A 饲养肉类动物的过程，会加速温室效应。导致温室效应的气体主要是甲烷、二氧化碳与氧化亚氮等。据说全球的温室气体中有两成来自于畜牧业，这个排放量远超过世界上所有交通工具排出的废气量。

此外，生产植物性食物需要消耗的水，少于生产肉食性食物需要的水，因此若人类能减少对肉食的依赖，也可能会减少对地球水资源的浪费。基于上述假设，若人类能够积极地减少吃肉，降低肉类的消耗，则有助于长期稳定地球的气候。

Q 素食食材有哪些来源？

天然的蔬果及素食加工品，是素食者的主要食物来源

A 素食食材的主要来源是天然的蔬菜、水果，其具有丰富的维生素与矿物质，尤其蔬菜中的膳食纤维是肉类所缺乏的，因此多吃蔬菜还具有促进体内排毒的作用。

除了蔬菜、水果之外，还有素食加工品。素食加工品通常是用黄豆制作的，还有用魔芋、香菇等食材制作的，它们常常被做成肉类的口感。不过最近有报道称许多素食加工品会掺杂荤食成分，因此宗教素食者在选用素食加工品时，需要特别小心。

Chapter 2

健康的素食

全球掀起的素食风潮，你还没跟上吗？吃素不仅是狭义的不杀生，更包含了乐活环保、有机养生以及健康因素。

素食是什么

你吃素吗？在今天，吃素早已经不是出家人的专利了。如果你还有吃素的都是老人家与出家人的刻板印象，那么你就落伍了！

世界各地已经有越来越多人加入吃素的行列，这些人既不是宗教人士，也不是环保人士，更不是动物保护人士。他们吃素，只有一个很简单的理由，为了使自己身体更健康。

粮荒问题与能源问题始终都是全球面临的重要课题，但是从20世纪以来，全球发达国家与发展中国家的人们，普遍陷入营养过剩的焦虑中。经济的富足与社会的快速发展，使人有余力追求更为丰盛的食物，吃得更为精细，也开始选择更多肉类饮食。

然而，过度追求高营养与精制食物的结果，就是引发了各种文明病和慢性疾病，如高血压、动脉硬化、脑卒中、心血管疾病、大肠癌、乳腺癌、肥胖症等，这些疾病严重影响了人们的生活。

过度依赖肉类的饮食习惯，已经被医学报告证实，是引起慢性疾病的主要原因，这使得许多人开始重新审视肉类饮食习惯的必要性。在追求健康与养生的同时，人们开始正视素食的好处。

素食预防慢性病

素食中的蔬菜、水果与谷类、豆类食物看起来虽然简单，却蕴含着肉类食物所无法取代的营养价值。如粗纤维，就完全不存在于任何的肉类与乳制品食物中。

素食中的维生素与矿物质，能促进人体代谢功能平衡；粗纤维能增强肠道排毒能力，并有降低血中胆固醇的效果。素食对于预防各种慢性病症，确实具有很好的功效。

全球掀起素食风潮

各国已经掀起了一股素食的风潮，素食从过去基于宗教的饮食规范，经过演变、发展，已经成为今日一种时髦又新颖的健康生活方式。

呼应这个趋势的瑜伽风已经开始流行，它讲究更为健康与回归内在的生活方式，期望通过素食的饮食方式，让身体与心灵变得更为纯净健康。

吃素除了健康养生的理由外，还有一点时尚的成分。当今素食已经成为全球的新兴饮食方式，随着全球流行趋势的发展，加入素食行列的人们也越来越多。当今，吃素不仅是一种健康生活的主张，还是一件很酷的事情！

健康、养生又时尚的素食

在世界各国的大都市中，如雨后春笋般出现的素食餐厅，以及各种售卖有机食材的店铺，都可以让人感受到素食的魅力正席卷着全球。

在东京、纽约、伦敦、巴黎、大阪、阿姆斯特丹……各种多元化与形式丰富的素食饮食生活，以及讲究新鲜与健康的素食饮食态度，正是目前当红的风向标。

全球追随素食风潮的人士，大多是社会中具有时尚观念、有一定经济能力，并有专业工作能力的一群人，其中以女性占大多数。

这群人吃素大多无关宗教信仰，而是因为十分关注自己的健康。她们深信素食能促进健康、改善肤质、养颜美容，甚至帮助身材变得更为苗条。素食被认为是保持女性美好体态的风尚饮食。

吃素的种类

全球各地的吃素传统不尽相同，常见的吃法大致有以下几大类：

❶ 纯粹素食：只吃植物类（含五辛）

只吃植物类的食物，包括葱、蒜、韭菜、蕗荞、兴渠等五辛，这类素食者以西方人居多，他们不吃任何肉类及蛋、乳制品，奶酪制品。

❷ 蛋奶素食：吃植物类、蛋类、奶类

吃植物类素食，也吃蛋类与奶类食物、乳制品，不吃任何肉类食物以及五辛。采用这类素食方法的以东方国家居多，如中国。

❸ 蛋类素食：吃植物类、蛋类

这类素食者除了吃植物类食物外，也吃蛋类的食物，但是不吃奶类食物与葱、蒜等。

❹ 奶类素食：吃植物类（含五辛）、奶类

吃植物类食物，并吃奶类食物与乳制品，不吃蛋类、酒类与肉类食物，可接受葱、蒜等五辛。这种饮食方式以南亚、东南亚国家居多，如印度。

❺ 方便素食：不严格限定食物种类

不受限于纯粹素食、蛋奶素食、蛋类素食、奶类素食四个种类，在生活中尽可能吃素，有荤素混煮的菜肴时只食用植物类的，类似锅边素。

❻ 半素食：吃少量肉类

大部分时候食用素食，偶尔也会食用少量的肉类食物。

25

有机素食，乐活环保

近几年来，一股有机素食的时尚风潮逐渐兴起。这股素食风潮的主张是追求健康与乐活，崇尚有机食品与天然的营养食物，基于健康与爱护地球的理念，拒绝各种含有农药、防腐剂、色素或人工香料，以及经过基因改造的食物。

有机素食讲求通过选用无污染的有机食材，加上简单清淡的烹调，帮助人们吃出生命力。

有机素食主义建议人们多吃生鲜食物，少吃各种加工食品。烹调上尽量采取生鲜食用，多蒸煮，少煎炸炒的方式。多食用当季的蔬果，并多食用当地的食材。

多食用本土及当令食材

建议多食用本土食材，因为只有本地生产的蔬果才能保证最新鲜的品质。任何需要通过进口空运的食材，运送过程都会消耗过多时间，新鲜度就不及本地生产的食材。

此外，在空运的过程中，食材也会受到各种损耗，出现营养成分流失的问题。而依赖空运的食材，往往也会将运费的成本转嫁到消费者身上，形成采购上不必要的高额开销。

食用当季的蔬果，不仅能品尝到最新鲜的滋味，而且当季蔬果的营养价值也比非当季蔬果的更高。人们食用当季蔬果时，也能享受较为合理的价格，避免不必要的开销。

只有多食用本地新鲜、当令的食材，才能充分摄取完整的营养。

素食的种类及可吃食物

种类 可吃食物	纯粹素食	蛋奶素食	蛋类素食	奶类素食	方便素食	半素食
植物类 （含葱、蒜、韭菜等五辛）	✓			✓	✓	✓
植物类 （不含葱、蒜、韭菜等五辛）		✓	✓			
蛋类		✓	✓		✓	✓
奶类、乳制品		✓		✓	✓	✓
肉类					视情况而定	✓

为什么要多吃素

为什么素食成为一种风行全世界的饮食？为什么世界上众多的健康养生人士，都采取素食的饮食方式？以下带你一窥素食生活的各种好处。

原因❶ 身体更健康

医学报告证实，人类的各种慢性病如心脏病、高血压、肝病、癌症的发生，都与食用大量的肉类有关。

肉类与肉制品、乳制品是人体摄取饱和脂肪酸的最主要来源，而饱和脂肪酸过剩会导致各种慢性病越来越多。

肉类无膳食纤维

肉类所含的饱和脂肪酸与胆固醇会增加人体血液内的总胆固醇，使人体发生动脉硬化的概率增加，进而导致心脏病与脑卒中的发病率升高。

一般认为大量食用肉类，导致人体内脂肪增加，可能会使人衰老加速，也比较容易出现疲劳现象。

相对而言，植物性食物不含胆固醇，而含较多的维生素和膳食纤维。多食用植物性食物，可降低血液内的总胆固醇，从而降低动脉硬化的发病率，间接降低脑卒中与心脏病的发病率。

植物性食物不含胆固醇

植物性食物往往比动物性食物含有更多的抗氧化物、膳食纤维、维生素与矿物质，因此比动物性食物更能有效预防某些慢性疾病。

动物性食物中不含对人体健康相当重要的膳食纤维，而膳食纤维正好是保持肠道健康的重要营养素。

没有足够的膳食纤维，人体就很容易罹患各种肠道疾病与慢性疾病。世界各国养生人士纷纷倡导素食运动，正是因为素食能带给人较为洁净、健康与无负担的饮食生活。

仅仅只要调整与改变饮食习惯，增加素食的比重，就能避免慢性疾病的威胁、防止肥胖症的发生，同时也能享受更为平衡自在的人生。

胆固醇含量比较表

食材	胆固醇含量（单位：毫克）
牛肝	300
奶油	250
牡蛎	200
猪油	95
牛排	70
羊肉	70
鸡肉	60

（数字为每100克食物中含有的胆固醇含量）

素食健康小常识

- 全素饮食者罹患心血管疾病的概率是肉食饮食者的1/2。
- 全素饮食者罹患高血压的概率是肉食饮食者的1/2。
- 素食中的蛋白质比动物性蛋白质更为安全。
- 素食较不易诱发癌症，也不易引发糖尿病、心脏病等慢性疾病。

多吃素的好处

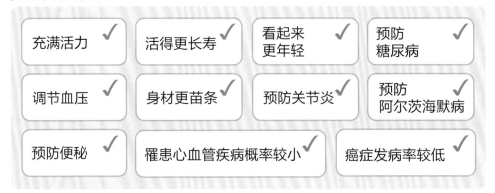

充满活力 ✓	活得更长寿 ✓	看起来更年轻 ✓	预防糖尿病 ✓
调节血压 ✓	身材更苗条 ✓	预防关节炎 ✓	预防阿尔茨海默病 ✓
预防便秘 ✓	罹患心血管疾病概率较小 ✓	癌症发病率较低 ✓	

原因❷ 素食比肉类更安全

动物会传染疾病

目前，全球许多致命的疾病往往是因人类食用动物性食物而引发的。世界上高达75%的新型疾病是由动物引起的，而在过去十年内爆发的各种致命疾病中，92%的疾病是由动物传播的。

肉食需求大，使得动物养殖的数量激增。动物数目增加时，病原体突变的速度也会增快，从而产生各种流行性疾病。禽流感、疯牛病等病症的发生就是实例。

由动物传播的疾病

疾病	病源
流行性感冒	猪、鸡
百日咳	猪
麻疹	牛
结核病	牛
肝炎	● 被污染的肉类 ● 被家畜排泄物污染的水源
霍乱	● 被污染的肉类 ● 被家畜排泄物污染的水源

畜牧业者为动物注射化学药剂

许多牲畜饲养业者为了生产更多的肉类，在饲养的过程中，会在动物身上注射各种化学药物来刺激动物生长，提高肉的产量。

这些化学药物包括各种抗生素、镇静剂、具有开胃作用的刺激药物、激素等。特别是有助于刺激动物生长的激素，这类激素被儿童吸收后，可能造成性早熟现象发生。

此外，牲畜所食用的饲料大多是人工饲料，其中多含有防腐剂与着色剂以及各种抗氧化剂等物质。人在摄取了这些化学物质之后，健康往往会受到危害。

抗生素

肉类加工品含致癌物

在制造肉类加工品的过程中，多数厂商希望增加肉品的卖相，以及延长肉品的保存时间，所以会在肉品中添加色素、防腐剂、抗氧化剂、香料等食品添加剂。

其中最常见的添加剂就是亚硝酸盐，这是一种保持肉类鲜红色的物质，能避免肉类中的蛋白质因为氧化而出现难看色泽。

亚硝酸盐进入胃后，一旦与肉类蛋白质的分解产物结合，就会产生亚硝胺，这是一种国际公认的致癌物质。由于目前尚无理想的改善肉品色泽的安全替代品，因此肉品中往往会添加亚硝酸盐。如果经常吃肉类加工品，罹患癌症的概率可能会因此增加。

你吃的肉安全吗？

- 各国的畜牧疫情不断发生，如禽流感、口蹄疫、疯牛病等。
- 碎牛肉是大肠杆菌O157:H7的最主要来源。
- 禽类容易带有弯曲杆菌及沙门氏菌。
- 生吃甲壳类动物，容易引起弧菌的感染。
- 牲畜在饲养过程中被注射的化学药物对人体可能有危害。
- 肉食在加工过程中，会添加色素与防腐剂等食品添加剂。
- 肉类中所含的杀虫剂剂量，比蔬菜、水果与谷物中的高出十余倍。
- 绝大多数的食物中毒是由食用动物性食物引起的。

原因③ 保护环境免受污染

全球温室效应的危机不断威胁着我们，其中最为明显的温室现象就是两极的冰川正在以史无前例的速度消失。

畜牧业加速温室效应

饲养肉用动物，会使温室效应更严重。导致温室效应的气体主要是甲烷、二氧化碳等。据说全球的温室气体中接近两成来自于畜牧业，这个排放量远超过世界上所有交通工具排出的废气量。

若我们能够适当地减少肉类食物，降低肉类的消耗，则有助于稳定地球的气候。

畜牧业在饲养动物的过程中，需要使用大量的水，养鸡场、养猪场或其他畜牧场所排出的肥料与废水会对水质造成污染。对于水资源日渐匮乏的地球来说，畜牧业的水消耗将是地球水资源的一大威胁。

"少吃肉"救地球

有专家认为，生产植物性食物需要消耗的水少于生产肉食的，因此当人类降低对肉类的依赖时，可能会减少对地球水资源的浪费。

鉴于大量的肉类需求对地球环境产生的威胁，世界友善农业基金会（CIWF Trust）便发起"少吃肉"运动，呼吁全球人士减少肉类的消费，以降低对地球环境造成的威胁。

原因❹ 保护动物的道德感

许多素食者之所以吃素，主要基于对动物生存权的保护。他们认为动物与人类一样，在地球上享有同样的生存权利。人类不应该基于口腹之欲，任意将动物作为牺牲者宰杀。

基于道德感而食用素食，这类素食者一般有宗教信仰。他们通过"不杀生"的宗教教义，提倡人类应该尊重动物的福利与生存权利。

这些教义中指出，动物在被屠杀的过程中，都会痛苦地挣扎。保护动物人士进一步指出，动物在被屠宰前，会出现强烈的恐惧情绪，分泌出大量毒素。当人们食用含有大量毒素的肉食时，反而会加重身体的负担，更容易引起各种致命疾病。

动物的福祉与人类平等，是动物保护主义人士的主张。基于这样的理由，他们采取素食方式，希望能推动人们以爱心与平等的同理心来善待同为地球一分子的动物们，并保护它们的生存权。

为什么要多吃素？

多吃素的原因	吃素好处多
❶ 身体更健康	● 各种疾病的发生多与食用大量肉类有关 ● 植物类食物不含胆固醇，含较多的不饱和脂肪酸及膳食纤维，能减少罹患慢性疾病的概率
❷ 素食比肉食更安全	● 动物会传播疾病 ● 许多畜牧业者会为动物注射化学药剂 ● 肉类加工品含致癌物
❸ 保护环境免受污染	● 肉类生产加速温室效应 ● 畜牧业大量消耗水资源
❹ 保护动物的道德感	● 认为动物与人类平等

肉类和环境污染的关系大

● 动物排泄物所产生的甲烷（产生温室效应的主要气体之一），比交通运输工具排出的甲烷高出几十倍。

● 动物排泄物产生的氨，会造成酸雨现象。空气中的氨有2/3来自动物养殖业。

● 生产1千克的牛肉，会排出36.4千克的二氧化碳。

● 人类为了吃肉，要比吃素多使用12倍的水。

● 肉类为主的饮食方式，比纯粹素食多消耗约60%的石油。

● 有专家认为，若人类都采取素食饮食，那么能源危机问题将延后260年。

新形态的"弹性素食"风潮

你还停留在"吃素者是少数人"的刻板观念中？你可知道素食已成为世界的流行风尚？最值得一提的是，"弹性素食"的流行范围正在逐渐扩大中。

许多时尚名人都吃素

不仅世界各国都有为数众多的吃素人士，就连许多领袖、名人，也纷纷成为素食的拥护者。这些人吃素的理由不一，不管吃素的原因为何，吃素对于他们而言，已是一种价值观，也是一种社会责任。

有的名人基于道德因素和宗教信仰不吃肉，保护动物不杀生；有人则支持环境保护，希望为净化地球环境尽一份力；有些创作者与思想家则认为吃素能保持血液的干净状态，使流至大脑的血液健康，如此能使人思维更为清晰敏锐，更为专注，有助于提高分析力与思维能力。

女明星吃素主要是想使皮肤更健康，使身体的新陈代谢更高效。她们认为吃素也能使她们保持较好的耐力与体力，容易专注，并充满活力，以便在每一个面对观众的场合中，都能保持最佳状态。

素食名人榜

历史名人： 阿尔伯特·爱因斯坦、艾萨克·牛顿、拉宾德拉纳特·泰戈尔

西方演员： 达斯汀·霍夫曼、保罗·纽曼、李察·基尔

素食的异国风情

意大利	印度	英国	美国	德国
●素食人口约450万人 ●素食人口很快突破1000万人	●素食人口约占总人口的65% ●印度的餐厅招牌上会特别注明"素食"与"非素食" ●超市与便利商店中的食物以颜色来区分荤素	●素食人口约1500万 ●英国素食人口有年轻化趋势 ●25%以上的年轻女性为了健康吃素 ●素食食品每年销售总额高达110亿英镑	●大学校园流行素食 ●全美有4000万成年人每周四不吃肉类与海鲜 ●好莱坞附近的餐厅，点蔬菜料理的比例是肉类料理的10倍	●只卖素食的专卖连锁餐饮店超过2500家

❶ 瑜伽饮食：重视身体平衡

盛行于全世界的瑜伽风潮，正好也是素食主义的奉行派。源自印度的瑜伽运动，看重的是人体内在的修行与精进，认为饮食应该首重平衡。

瑜伽的饮食重视平衡原则，认为人类大多疾病的发生都与肉类食用过多有关，而植物类食物食用过少，营养失去平衡，自然会产生疾病。

瑜伽饮食的基本概念中，所谓的平衡饮食就是指食物的酸碱平衡。他们认为慢性疾病如各种癌症或心血管疾病，是因体内摄取过量酸性物质，使得血液出现酸化现象而导致的。

肉类与各种高蛋白的食物被归类为酸性食物。瑜伽饮食认为要保持身体的酸碱平衡与健康，应该多食物水果、蔬菜等碱性食物。

蔬果五谷增强生命活力

瑜伽饮食认为，人在进食时必须从食物中获取"生命之气"。而自然的生鲜蔬果从大自然中获取了丰沛的氧气、阳光与水分等，许多植物即使在采摘后的几天里，还能持续地发芽与生长，依然保有生命活力。

大多蔬果可直接生食或在简单的烘烤、蒸煮后即可食用。当人们食用这些食物后，就能使"生命之气"在身体里顺畅流通。因此蔬果与豆类，是瑜伽饮食首选的自然食物。

与之相反，在动物死亡的那一刻开始，肉类便面临着不新鲜、即将腐烂的命运。而大多数肉类需要高温或复杂的烹调方式，这种过度的烹调方式会使食物丧失"生命之气"，同时高温的烹调也会导致食物难以消化。

瑜伽修炼者希望能通过未精制的自然食物，来增强身体的生命活力，因此强调要以最贴近自然的方式来享用食物。人们食用这些自然食物，便是在直接摄取宇宙的能量。素食迎合了瑜伽哲学中有关人与生命活力的饮食观念。

饮食影响精神状态

瑜伽提倡人们应该过纯净与健康的生活。饮食是人们生活方式中重要的一部分，饮食习惯也会影响人们的生活方式，最终将影响人们的身体健康与精神状态。

瑜伽精神认为人们的生命品质，是由所吃的食物相应形成的，人们食用的食物会最终影响人们的心灵品质。瑜伽经典典籍强调，"我们是什么，视乎我们吃的是什么"。一个人所吃的食物，不仅会影响身体，也会进一步地影响心灵与意识。

换句话说，瑜伽精神认为，如果食物的生命单元由动物蛋白形成，那么进食者心灵层次也将趋向于低下的层次。

独特的瑜伽生食观

瑜伽饮食还有一个相当独特的主张，食用生食能以最接近自然的方式，来摄取大自然能量。

瑜伽饮食提倡，每天至少要食用一次生鲜的蔬菜色拉，因为蔬菜中的生物活性物质与维生素C很容易在烹调中受到破坏，而生食蔬菜、水果有助于摄取这些食物中的活性能量。

熟食的过度刺激会导致人体内的免疫系统误认为异物入侵，而分泌大量免疫细胞来吞噬异物，长久下来会损害免疫系统。

然而生食食物的活性与人体较为接近。人体食用生鲜食物能使体内免疫系统处于安稳的状态，并有助于修复因为吃熟食而损伤的免疫机能。

瑜伽饮食认为，生鲜蔬果中所含有的矿物质与维生素以活性状态存在于活的细胞中，当被人体摄取后能马上发挥净化、修复与强健机体的作用。

生食也有助于缓解压力和紧张情绪。对紧张的身心具有舒缓作用，对生活压力导致的便秘与失眠症状也具有改善的功效。

瑜伽饮食的重点

- ☑每天变换副食品，不偏重于一种饮食。
- ☑不吃过热或过冷的食物，温度以接近体温为宜。
- ☑食物要多咀嚼，至少要咀嚼100次才咽下。
- ☑黄豆、芝麻、牛奶、蜂蜜为经常食用的食物。
- ☑每10天断食2天。

❷ 弹性素食：不严禁肉类

世界各国都有一类素食者正依照他们弹性素食的饮食原则，尽情享受着素食的乐趣。

所谓弹性素食，就是指不硬性规定自己只能吃素食。有的人平常吃素，偶尔吃肉；有的人则是平常吃肉，偶尔吃素。这些拥护弹性素食的人们表示，选择食用部分素食的饮食方式，并不是基于宗教或环境的因素，而是基于保护自己的身体健康。

弹性素食者掌握着对自己健康有益的原则，能充分享受素食的美味，同时也不严禁对肉类的食用。这类弹性素食者数量正在大幅度地增加，弹性素食成为另一种新素食主张。

弹性素食者着重食用植物类食物，同时食用蛋类与奶类食物，也可以食用少量的鸡肉、鸭肉、鹅肉、鱼肉、海鲜，但不吃红肉。

主食尽量选用胚芽米

为了使消化顺畅，改善新陈代谢，与蔬果主菜搭配的主食最好选用膳食纤维较丰富的胚芽米，这样可以帮助减重计划更有效地落实。

33

❸ 健美素食：针对女性设计

要怎么吃素，才能吃得健美又有活力呢？目前有一种风行于全球，特别为女性所设计的健美素食方法，就是特别针对想要均衡食用素食，同时保持美好身材的女性而设计的。

采取以下健美素食方法，能避免长期食用同一种食物而出现的营养不均衡或肥胖的现象。

1到7的健美素食

这种名为"1到7的健美素食"，能帮助女性轻松安排每日饮食，达到均衡摄取营养物质的目标。

"1到7的健美素食"模式为：每天1份水果、2盘蔬菜、3汤匙植物油、4碗五谷杂粮饭、5份蛋白质食物、6种调味品、7杯汤或饮品。

健美素食怎么吃？

素食项目	每日食用分量说明	健美功效
水果1份	● 含有丰富膳食纤维与维生素的水果1份或至少1个	● 长期食用能收到明显的美肤效果
蔬菜2盘	● 2种不同类型的蔬菜 ● 一种最好是绿色蔬菜 ● 另一种最好生吃，例如西红柿、芹菜、萝卜或生菜叶	● 每天的蔬菜食用量最好保持在400克 ● 长期食用能保持苗条身材 ● 使皮肤净白
植物油3汤匙	● 每天食用植物油的分量为3汤匙	● 不饱和脂肪酸能维护心血管健康 ● 使皮肤光泽有弹性
五谷杂粮饭4碗	● 每天食用4碗五谷杂粮饭	● 保持健美体态 ● 维持身体的充沛活力
蛋白质食物5份	● 豆腐或豆制品200克 ● 鸡蛋1个 ● 牛奶1杯	● 补充身体所需营养 ● 帮助美容健身
调味品6种	● 酸、甜、苦、辣、咸等各式调味品	● 提高食欲 ● 解油腻，有助于解毒杀菌 ● 有助于促进血液循环 ● 减少水溶性维生素的流失 ● 维持体内血液的酸碱平衡
汤或饮品7杯	● 每天饮用足够的开水 ● 搭配不含糖的蔬果汁 ● 搭配素食汤	● 补充体液 ● 促进新陈代谢 ● 有助于排毒

六大类素食食材

你认为素食的食物种类很少、选择不多吗？在进入素食的精彩世界之前，让我们先认识六大类素食食材，你将发现素食的范围其实很宽广。

① 蔬菜类

蔬菜类基础营养 含有丰富的矿物质、多种维生素以及膳食纤维，是最重要的素食食材。	
名称	**代表蔬菜**
叶菜类	空心菜、菠菜、卷心菜、油菜、红薯叶
根茎类	胡萝卜、白萝卜、红薯、芋头、土豆、山药、莲藕、牛蒡
芽菜类	黄豆芽、绿豆芽、苜蓿芽
豆荚类	豌豆角、甜豆荚、豇豆
海藻类	紫菜、海带、海带芽、裙带菜
瓜果类	辣椒、茄子、西红柿、南瓜、丝瓜、冬瓜、苦瓜、黄瓜
花菜类	黄花菜、花菜
菇蕈类	蘑菇、香菇、木耳、金针菇、杏鲍菇

首先登场的是蔬菜类，这也是最为人们熟识的素食。蔬菜的类别很丰富，除了绿叶蔬菜外，还有芽菜类、根茎类、瓜果类及豆荚类等。这些蔬菜含有丰富的膳食纤维、矿物质、维生素，是不可或缺的营养来源。

① 水溶性膳食纤维： 蔬菜的水溶性膳食纤维包括果胶、树胶等，能够吸附胆固醇等，对高脂血症及糖尿病有预防的作用。此外，由于水溶性膳食纤维的体积较大，吃下去会有饱足感，对于想要控制食量的减肥者而言，是很天然的瘦身食材。

② 天然抗氧化物： 绿色蔬菜大多含有维生素A、维生素C、维生素E等，这些营养成分都可帮助人体对抗自由基。

其中的类黄酮更是强力的天然抗氧化物。诸如花菜的槲皮素、芹菜的芹菜素，均可发挥抗氧化的作用。

③ 类胡萝卜素： 类胡萝卜素会在体内转化成维生素A。维生素A拥有强大的抗氧化能力，能维持皮肤及消化道、呼吸道、泌尿道、生殖道等的上皮组织的正常功能，并抵抗外来的有毒物质。研究显示，多摄取类胡萝卜素可降低肝癌、肺癌及皮肤癌的发病率。

✌ 水果类

水果类基础营养

含有大量膳食纤维，充满水分，并含有丰富的矿物质与维生素，其中以维生素C的含量最多。

热量	代表水果
高热量	杧果、香蕉、荔枝
中热量	柑橘、菠萝、番石榴、香瓜、木瓜、葡萄、草莓、猕猴桃
低热量	西红柿、西瓜、莲雾、柠檬、柚子、苹果、水梨

颜色鲜艳、外形各异的水果是上天赐给人们的精华。充满水分、富含膳食纤维，并含有丰富糖分的水果也是供给人体热量的重要食物来源。了解不同水果的热量，有助于拟定适合自己的素食计划。

❶ **维生素C**：维生素C是水果中最引人注目的营养素，它能提高人体抵抗力，防止致癌物质将健康的细胞转化为癌细胞。含有大量维生素C的水果可说是防癌圣品，对增强人体免疫力具有极大帮助。

维生素C也能帮助人们消除压力。在承受压力时，身体会产生抗压激素，合成这种激素时维生素C必不可少。维生素C还能有效维护头发的健康，强健、滋润发质，并可润泽皮肤。维生素C也是眼睛晶状体的构成成分之一，充足的维生素C能保护眼睛健康。

富含维生素C的水果：
橘子、柠檬、菠萝、猕猴桃、西瓜、哈密瓜

❷ **B族维生素**：水果中也含有丰富的B族维生素。B族维生素能使人保持精力充沛，使人情绪稳定，避免焦虑忧郁。B族维生素还能提高人体的代谢能力，有效清除人体中的毒素、废弃物，提高食欲，维持消化系统的功能正常。

富含B族维生素的水果：
菠萝、香蕉、香瓜、桃子、梅子、柑橘、草莓

❸ **钙、铁、磷、钾**：水果中也含有丰富的矿物质，其中钙、铁、磷是人体所必需的三种重要矿物质。钙与磷能保护牙齿，使骨骼强健；铁能增加血液的携氧量，发挥优越的补血功效；钾能平衡血压，并有助于保护血管健康。

富含钙、磷、铁、钾的水果：
葡萄、樱桃、柠檬、黑枣、菠萝、西瓜

❹ **硼**：有些水果中含有硼，这种营养素能促进大脑活动，改善大脑功能，提高人体的反应能力。

富含硼的水果：
苹果、水梨、桃子、葡萄

❸ 谷类、坚果类

谷类、坚果类基础营养

含有丰富的淀粉、蛋白质与矿物质、维生素，是提供人体热量的主要食物来源。

名称	代表食材
坚果类	花生、杏仁、核桃、芝麻、南瓜子、葵花籽、腰果、松子
谷类	大米、小麦、燕麦、荞麦、黑麦

谷类中含有膳食纤维以及矿物质，是人类主食的来源，可以提供丰富的糖类物质。食用谷类食物能使人保持充沛的精力，维持人体活力。

❶ **蛋白质**：谷类是植物蛋白的来源之一。大米的蛋白质含量为6%~8%，谷类外皮部分的蛋白质甚至比内部的含量要高。未脱去外壳的谷类比精制的谷类含有更多的蛋白质。

❷ **脂肪**：谷类的脂肪大多集中于胚芽中，谷类的脂肪含量为2%~4%，大多为不饱和脂肪酸，是对人体有益的脂肪。玉米油中的亚油酸含量高达60%，能有效改善动脉硬化症状，是高血压与心脏病患者的最佳食用油之一。长期食用玉米油，能帮助降低血中胆固醇。

❸ **糖类**：谷类主要成分是淀粉，其平均含量在70%以上。谷类中的糖类是供给人体热量最经济的来源。谷类煮软后，会形成一种淀粉黏液，这种黏液能有效刺激胃液分泌，帮助并促进胃肠蠕动。不妨将谷类熬煮成各种浓汤或粥来食用，能有效改善胃及十二指肠溃疡或胃炎。

谷类的外皮中含有丰富的膳食纤维，能刺激肠道蠕动，促使肠道分泌消化液，以有效帮助食物消化。膳食纤维还能吸附代谢废物，并将这些废物排出体外。多食用谷类，能帮助改善便秘症状。

❹ **B族维生素、维生素E**：谷类中的B族维生素含量最多，它是调节人体生理功能的重要营养素。谷类的胚芽中含有丰富的维生素E，能有效抗癌与防止病毒入侵。小米中还含有丰富的胡萝卜素，能发挥延缓衰老与保护细胞的作用。

许多谷类的维生素E都集中在外皮，若将谷类进行精制脱壳处理，那么留存下来的维生素E含量将只剩原来含量的30%。因此不要只吃精制谷物，多吃些五谷类食物，身体才健康。

浸泡谷类时需注意营养流失

谷类的维生素大多集中在外皮，在淘洗的过程中，维生素往往会大量流失，且浸泡的时间越久，淘洗的次数越多，流失的维生素也就越多。在清洗谷类时，要特别注意尽量避免用力搓洗，也需控制浸泡时间。

④ 蛋类、豆类、面粉制品

豆类、蛋类、面粉制品基础营养
　　豆类、蛋类与面粉制品含有丰富的蛋白质，能补充大脑所需要的能量，也能够提供修护人体组织所需的营养。

名称	代表食材
豆类	黄豆、豌豆仁、绿豆
豆制品	豆腐、油豆腐、豆腐皮、豆干、豆浆、素鸡、百叶豆腐、干丝、素火腿
蛋类	鸡蛋、鸭蛋
面粉制品	面肠、烤麸、面筋

　　豆类与蛋类、面粉制品也是素食的重要食材。尤其是豆类，其含丰富的蛋白质，是优质蛋白的主要食物来源。在素食的饮食计划中，经常要依赖食用这些食物（尤其是豆类）来补充足够的蛋白质。

　　豆类可说是素食者的"肉类食材"，大部分的豆类不仅是良好的日常食物，同时还有很好的食疗价值。如果你有吃素的习惯，或正准备开始进入素食的世界，那么就不能不认识素食中的黄金食材——豆类。

　　❶ 蛋白质：豆类含有丰富的蛋白质，一般占其总重量30%以上。豆类的氨基酸较接近人体的需要，还能帮助降低胆固醇，促进胆固醇代谢，改善动脉硬化症状。

　　❷ 大豆卵磷脂：黄豆中含有丰富的大豆卵磷脂，能发挥活化大脑功能、补脑的功效，还能预防高脂血症，有助于提高精力，补充体力，使人体充满元气。

　　❸ 植物雌激素：豆制品如豆腐中，含有丰富的植物雌激素，能有效预防骨质疏松，帮助减轻更年期综合征的症状。

　　❹ 脂肪：豆类中也含有丰富的脂肪，值得一提的是，豆类的脂肪大多是对人体有益的不饱和脂肪酸。黄豆中含有的亚油酸能降低心血管疾病的发病率，并降低血液中的胆固醇，预防动脉硬化。豆类中的磷脂，能促进人体生长发育，并维持神经正常活动。

　　❺ 膳食纤维：豆类含有丰富的膳食纤维。膳食纤维是"整肠高手"，能在消化道停留4～5小时，有利于刺激肠道蠕动，对于调节肠道消化功能帮助很大。

　　❻ 矿物质：豆类中含有人体所需的铁、钙。钙为构成人体骨骼、牙齿的主要成分，铁是人体造血功能正常运作不可或缺的矿物质。

5 奶类及乳制品

奶类及乳制品基础营养

奶类及乳制品含有丰富的矿物质，其中最丰富的就是钙。奶类及乳制品也是蛋白质的重要食物来源。

名称	代表食材
奶类	牛奶、羊奶、奶粉
乳制品	酸奶、奶酪、奶油

奶类食物中的钙与蛋白质，是人体重要的营养物质。奶类也是素食饮食中的重要食材，能补充蛋白质和钙，同时也能够使人保持活力以及情绪稳定。牛奶中也富含可以安定神经的物质，能够促进睡眠。

奶制品如酸奶、奶酪中含有对肠道有调理作用的益生菌，有利于平衡肠道菌群，促进胃肠消化和正常排泄。

6 油脂类

油脂类基础营养

油脂类是为人体储存能量的营养物质，脂肪转换成热量，可供应人体每天活动所需的基础能量。

名称	代表食材
油脂类	葵花籽油、玉米油、花生油、橄榄油、葡萄籽油、芝麻油
油脂制品	色拉酱、花生酱

植物种子或果实中往往含有丰富的油脂，从这些果实或种子中提炼的油脂是素食的脂肪来源。

这些纯植物的油脂能带给人体丰富的能量，并能促进代谢，避免动物性脂肪在体内过度堆积。

值得一提的是橄榄油。橄榄油中含有65%～90%的单不饱和脂肪酸，以及$\omega-3$和$\omega-6$等多不饱和脂肪酸，可降低体内胆固醇含量，避免血管硬化，有利于保护心血管。

不过要注意的是，橄榄油属油脂类食物，不宜过度食用，以免造成肥胖。

吃出营养均衡的素食

吃素会不会导致营养不足呢？是不是吃肉才会有体力呢？来看看素食中含有的丰富营养，与肉类相比也毫不逊色！

人体每天必需摄取的五大营养素——蛋白质、脂肪、糖类、维生素与矿物质，素食食物中全部都有。以下内容将帮助你了解素食中的营养素，并为你分析、推荐各营养素的代表食材，帮助你吃素吃得健康又均衡！

素食富含哪些营养素？

营养素	特性分析	素食来源	营养素功能	与肉类营养相比
蛋白质	●构成人体细胞的主要原料 ●是人体产生热量的来源	❶豆类 ❷豆制品 ❸乳制品 ❹谷类	●含优质蛋白，不含胆固醇	牛、羊、猪、鸭肉中的蛋白质含量不及豆类蛋白质的一半
糖类	●供给人体能量 ●维持并调节体温	❶米饭 ❷面食 ❸蔬菜 ❹豆类	●提供人体热量与维持机体正常活动的重要营养素	肉类中糖类含量很少
脂肪 （不饱和脂肪酸）	●维持人体体温 ●供给人体能量 ●构成细胞膜、脑髓与神经细胞的主要成分	❶植物油 ❷坚果类 ❸豆类 ❹豆制品	●燃脂生热，是提供能量的来源之一 ●产生能量最高的营养素	植物性油脂比猪油、牛油等动物性脂肪更能被人体吸收利用
钙	●保持人体酸碱平衡 ●强健骨骼 ●维持神经系统的健康	❶蔬菜 ❷豆类 ❸豆制品 ❹水果	●人体生长发育所需的重要营养素	蔬菜、水果、豆类、奶类中钙含量较高，肉食中钙含量较低
铁	●促进新陈代谢 ●促进血红蛋白的合成 ●预防贫血	绿叶蔬菜	●预防贫血	搭配水果食用，能使铁的吸收率增加
锌	●促进伤口愈合 ●促进细胞发育	❶绿叶蔬菜 ❷谷类	●愈合伤口 ●促进性器官发育	多食用黄豆可以补充锌
各种维生素	●促进新陈代谢 ●保护神经系统 ●保持上皮组织的完整	❶蔬菜 ❷水果 ❸五谷杂粮	●缺乏任何一种维生素，都会影响人体健康	肉类食物中没有全面的维生素
膳食纤维	●促进肠道蠕动 ●缩短肠道内废物通过大肠的时间 ●排出身体毒素	❶蔬菜 ❷水果 ❸谷类	●预防便秘 ●促进代谢与消化	肉类食物中完全没有膳食纤维

各种营养素的素食食材来源

营养素	素食食材来源
维生素A	胡萝卜、南瓜、核桃、紫菜、菠菜、辣椒、香蕉
维生素B$_1$	豆类、核果类、芽菜、葵花籽、大米
维生素B$_2$	豆类、核果类、未精制的谷类、绿色蔬菜、豌豆、胡萝卜、紫菜
烟酸（维生素B$_3$）	坚果类、芝麻、糙米、全麦面包
维生素B$_6$	大米、豆类、全麦粉、小麦草、花生、香蕉、苹果
维生素B$_{12}$	小麦草、苜蓿、紫菜、葵花籽、南瓜子
叶酸（维生素B$_9$）	花生、核果类、深绿色蔬菜
维生素C	西红柿、青椒、卷心菜、柠檬、柑橘、猕猴桃
维生素D	苜蓿芽、冬菇、扁豆、红枣、牛奶
维生素E	核果类、苜蓿芽、叶菜类、鳄梨、植物油
维生素F	植物油、花生、核果类、葵花籽、黄豆
生物素（维生素H）	核果类、葵花籽、花菜、豆类、谷类、小麦草、植物油
维生素K	蜂蜜、绿色蔬菜、黄豆、苜蓿芽
胆碱	小麦草、豆类
泛酸（维生素B$_5$）	糙米、芝麻、瓜子
肌醇	坚果类、蔬菜、黄豆、谷类
磷	瓜子、豆类、面食、米糠、未精制的谷类
镁	深绿色蔬菜、小麦草、苹果、柠檬、玉米、豆类、坚果类、土豆、乳制品
铜	豆类、蜂蜜、水果、坚果类、根茎类蔬菜
钾	全谷类、苜蓿芽、小麦草、葵花籽、豆类、蔬菜
碘	紫菜、海带、发菜、海盐、洋葱
硒	谷类、洋葱、花菜、胡萝卜

五色蔬果的疗效

中国传统医学有"五色食物"的说法，认为不同颜色的食物对人体五脏分别发挥不同的滋补疗效。

五色中的五种颜色包括青色、红色、黄色、白色、黑色，分别对应人体的肝脏、心脏、脾脏、肺脏、肾脏，五色食物能影响五脏的生理功能。

青色对应肝：保肝护眼

青色食物对应的是肝脏，有促进肝脏血液循环，改善代谢功能的作用。食用青色食物能消除疲劳，缓解肝脏的压力，也有保护视力、提高免疫力的作用。

> **代表素食：**
>
> 芹菜、菠菜、西蓝花、毛豆、竹笋、番石榴、丝瓜、黄瓜、绿豆等，对保护肝脏、胆与眼睛都有一定作用。

红色对应心：补血、改善心悸

红色食物能增强心脏的功能，提高人体细胞的活性。食用红色食物能预防感冒，能补血以改善贫血与心悸症状，并能改善身体虚弱以及手脚冰冷等症状。

> **代表素食：**
>
> 胡萝卜、山楂、樱桃、红椒、西红柿、苹果、洛神花、枸杞子、红枣、荔枝、红豆、西瓜等，含有大量的铁，能够发挥补血、预防贫血的作用。

白色对应肺：养肺、滋补胃肠

食用白色食物能发挥养肺的作用，同时也能滋补胃肠，改善胃肠虚弱的症状。

> **代表素食：**
>
> 菜花、卷心菜、蘑菇、银耳、白菜、白萝卜、杏仁、白芝麻、茯苓等，都具有调节肺与脾胃功能的作用。

黄色对应脾：促进新陈代谢

食用黄色食物能增强脾脏的功能，促进新陈代谢，从而维持脾脏的健康，使人保持充沛的精力。

> **代表素食：**
>
> 红薯、黄豆、玉米、莲子、南瓜等，可提高脾脏功能、保持体力。

黑色对应肾：强化泌尿与生殖系统功能

黑色食物能提高肾脏的功能，并具有抗衰老的作用。食用黑色食物有助于强化泌尿与生殖系统的功能，也能有效防癌。

> **代表素食：**
>
> 黑芝麻、黑豆、桂圆、牛蒡、海带、海苔、黑木耳、发菜、荞麦、香菇等，有助于保护肾脏。

五色与五脏的对应关系

五色	对应内脏	保健功效	代表食材
青	肝	❶ 促进肝脏的血液循环 ❷ 促进代谢 ❸ 消除疲劳 ❹ 缓解肝脏压力 ❺ 保护视神经 ❻ 提高免疫力	芹菜 菠菜 西蓝花 毛豆 番石榴 丝瓜 黄瓜 绿豆
红	心	❶ 增强心脏的功能 ❷ 提高人体细胞的活性 ❸ 预防感冒 ❹ 具有补血的功效 ❺ 改善贫血与心悸症状 ❻ 改善身体虚弱与手脚冰冷	西红柿 胡萝卜 红甜椒 红豆 山楂 洛神花 枸杞子 红枣 樱桃 苹果 荔枝 西瓜
白	肺	❶ 养肺 ❷ 滋补胃肠 ❸ 改善胃肠虚弱的症状	菜花 卷心菜 蘑菇 银耳 白菜 白萝卜 杏仁 白芝麻 茯苓
黄	脾	❶ 增强脾脏的功能 ❷ 促进新陈代谢 ❸ 保持充沛的精力	红薯 黄豆 玉米 莲子 南瓜
黑	肾	❶ 提高肾脏的功能 ❷ 抗衰老 ❸ 强化排泄与生殖系统功能 ❹ 有效防癌	黑芝麻 黑豆 桂圆 牛蒡 黑木耳 海带 海苔 发菜 荞麦 香菇

天然素食给你健康活力

从上述章节中，我们了解了素食中拥有哪些丰富的营养物质，由此初步了解素食中的各种营养确实能带给人健康与有活力的生活。

接下来我们要进一步告诉你，素食为什么能带给你健康与有活力的生活，素食的饮食有哪些特色，素食又是如何调节我们的健康状态的。

钾、钠、镁调节酸碱平衡

鱼类、肉类、蛋类、动物内脏等动物性食物含有硫与磷，平常若过度食用这类食物，会使身体内的代谢产物偏酸性。若人体内血液偏酸性，会影响身体的健康。

蔬菜、水果与五谷杂粮中，含有较高的钾、钠、钙、镁等矿物质，人体摄取这些矿物质后，体内最后代谢的产物会偏碱性。多吃些素食能平衡血液的酸碱度，对保持身体健康有较大帮助。

膳食纤维帮助消化与整肠

五谷杂粮、蔬菜与水果中含有丰富的膳食纤维，能刺激肠道的蠕动和消化液的分泌，有效帮助消化、整肠。膳食纤维还有防止便秘的作用，并能促进胆汁排泄，降低血中胆固醇的浓度。

素食确实具有较优越的促进消化的作用。许多蔬菜都含有芳香油和有机酸等特殊成分，如葱、蒜含有的辣椒素，姜含有的姜油酮，均可刺激食欲，有助于增强人体的消化功能，也能提高人体免疫力。

每天早晨喝一杯蔬果汁，可提高人体活力。蔬菜汁的膳食纤维含量高，具有促进排便的功能。习惯性便秘的人，可通过饮用蔬果汁来调理肠道。

酸性食物VS. 碱性食物

酸性食物（100克）	酸性成分（克）	碱性食物（100克）	碱性成分（克）
烤鸡	39.6	水煮菠菜	25.4
烤牛排	27	葡萄干	23.5
水煮火腿	18	杏仁	22.3
水煮蛋	10	烤土豆	19.7
炸鳕鱼	9	生胡萝卜	14
奶酪	5.6	新鲜西红柿	5.4

抗氧化酶防癌抗衰老

蔬菜含有丰富的抗氧化酶，具有抗衰老功效，能帮助人体抵抗氧化作用，有助于保持人体活力，并保持皮肤光洁。

五谷杂粮、水果与蔬菜含有大量的膳食纤维，膳食纤维能帮助抗癌。当人体因为纤维摄取不够而出现排便不顺畅时，多吃素食会帮助大便排出。

若平常吃的食物以高蛋白、高脂肪为主，体内就容易产生致癌物质。致癌物质长时间停留在肠道中刺激肠黏膜，就容易引发大肠癌。

若平常吃的蔬菜多，膳食纤维就可以帮助减少大便在肠道中停留的时间，从而间接地减少大肠癌发生的可能。

维生素降低心血管疾病的发病率

心血管疾病已高居文明病的榜首。由于动物性食品通常含有大量的胆固醇，若过度食用肉类，就很容易罹患心血管疾病。

而植物性食品的作用正好相反。素食中的水溶性膳食纤维具有相当良好的清洁功效，有利于降低血液中的胆固醇含量。

素食中普遍含有丰富的抗氧化剂，如维生素E，它能防止胆固醇进一步损害血管。多食用素食能补充抗氧化物，有利于预防心脏病。

素食中含有丰富的维生素C，可减少血液中的有害物质，有助于降低心血管疾病的发病率。水果与蔬菜正好就是维生素C的丰富来源。

食用素食也能减少饱和脂肪酸的摄入，从而预防动脉硬化。

叶黄素保护视力

素食也能够保护视力。素食中的蔬菜与水果中都含有类胡萝卜素——叶黄素或玉米黄素，能防止视网膜退化，预防黄斑退化症导致的失明。

在菠菜、芥菜等深绿色蔬菜中，可以发现叶黄素的身影。

黄酮素、胡萝卜素防止氧化

喜欢吃高脂肪食物的人，是病毒性感冒的易感人群。肥肉与奶油中含有大量的饱和脂肪酸，过量食用会降低人体免疫系统的抗病毒能力，进而增加罹患感冒的机会。

蔬菜、水果与五谷杂粮正好是预防感冒的良好食物。因为它们含有丰富的维生素与微量元素，能提高人体免疫力，预防病毒的入侵，帮助人体建立强健的体魄。

尤其是红色蔬果，其含有的丰富的黄酮素与胡萝卜素，可保护人体的呼吸道黏膜，有助于防止病毒入侵，也能防止细胞被氧化。

西红柿、红辣椒与胡萝卜都属于红色蔬菜，多吃有助于抵抗感冒病毒，帮助人体快速康复。

矿物质提高抗病能力

食用谷类食物能有效预防感冒与咽喉炎，早餐中的谷类食品含有许多矿物质与维生素，有助于提高人体对病毒的抵抗能力。若在早餐中多吃谷类食品，能有效提高人体的抗病能力。

Chapter 3

素食的七大保健作用

吃素如何能帮助我们保持身体健康呢？以下从排毒、美颜、防癌等方面，为你介绍吃素的七大保健作用。

保健作用❶ 素食是"排毒高手"

我们每天都生活在各种毒素的威胁中，无论是人体代谢后产生的废弃物，还是外在环境的各种污染物，都是对人体有害的毒素。

素食带给人的益处除了保健以外，还有积极对抗疾病的作用。有人认为无论是慢性疾病还是癌症的发生，根源都在于人体中堆积的毒素。无法代谢与排泄的毒素，经年累月地堆积在体内，不仅会伤害器官，还会导致免疫力下降，人便容易罹患各种慢性疾病甚至是癌症。

要有效预防慢性疾病与各种癌症，最重要的就是要保持身体的清洁，经常为身体进行排毒。肝脏是身体重要的解毒器官，应该特别留意肝脏的解毒功能是否正常。

生活中的毒素来源

❶ 电磁辐射

❷ 空气、化学污染

❸ 烹调食物不当

❹ 宿便

各种生活毒素的来源

毒素种类	说明	毒素来源
❶ 细菌污染引起的食物中毒	细菌污染食物引发中毒	体内细菌：沙门氏菌、大肠杆菌 体外细菌：肉毒杆菌、葡萄球菌
❷ 化学物质中毒	食品中含有毒化学物质	甲醇、杀虫剂、汞、铜、砷
❸ 食品添加剂中毒	用以保存食物或改善食品卖相的食品添加剂过量	过氧化氢、糖精、硝酸盐、硼砂、合成色素、漂白剂、防腐剂
❹ 电器与电子产品的电磁辐射	电磁辐射可能使人体发生过氧化反应	计算机、电视、电冰箱、电磁炉
❺ 空气与水中的污染物	污染空气与水的物质	空气中的化学物质、化学农药、重金属、清洁用品中的化学毒物、装修使用的有毒材质
❻ 烹调不当的食物	不当的烹调会导致食物变质	高温烹调造成的烧焦食物、腐败发酵的食物、使用回锅油炸的食物
❼ 自由基	对人体细胞具有攻击性，数量多时会产生强大的氧化作用，可能导致癌症发生	油炸食物、高温烧烤的食物、含人工添加剂的加工食品
❽ 宿便	食物残渣等若在肠道中停留超过24小时，就会产生毒素，超过3天没有排出，就会形成宿便	膳食纤维摄取过少、生活紧张、饮水量过少、睡眠不足、饮食习惯或生活作息不正常、吃肉太多
❾ 乳酸	大量运动后，因疲劳产生的物质。乳酸堆积过多，人体会出现疲劳、肌肉酸痛与四肢无力症状	睡眠不足、运动过度、免疫力低下、过度劳累

素食中的排毒成分

素食有优越的解毒效果，无须通过药物作用，由素食就可促进身体内部各种毒素的排出。

❶ 抗氧化物：对抗自由基

长期使用计算机或接触电子产品的上班族，很可能会受到电磁辐射的侵害，使身体出现氧化反应，而使皮肤出现各种斑点。

蔬果能发挥优越的排毒功效，因为蔬果中含有大量的抗氧化物，能帮助对抗自由基对于人体的氧化。新鲜的蔬果都含有抗氧化物，能使人体偏碱性。碱性的体质更能抗氧化，能间接减缓人体衰老的速度，并提高人体的免疫力，上班族应多吃蔬果。

富含抗氧化物的素食
蔬菜类： 茄子、冬瓜、黄瓜、南瓜
水果类： 柠檬、杧果、葡萄、菠萝

❷ 番茄红素：抗氧化力超强

番茄红素在这几年会如此热门，是因为它是目前为止人类发现的抗氧化能力最强的类胡萝卜素。番茄红素的抗氧化能力至少是维生素E的100倍。番茄红素能清除人体内的自由基，并能有效抵抗自由基对于人体的侵害。需要长期使用计算机的人，建议多摄取番茄红素。

番茄红素是一种脂溶性维生素，只能溶解在油脂中。如果生吃红色水果或蔬菜，就很难吸收足够的番茄红素。

富含番茄红素的素食
蔬菜类： 西红柿、红辣椒
水果类： 红色西瓜、红肉葡萄柚

❸ 维生素C、维生素E：建立身体防护网

经常使用电子产品的人，应该多摄取维生素C与维生素E。因为这两种营养素都是优质的抗氧化物，具有抗氧化的活性。当人体摄取了充分的维生素C与维生素E时，就能为身体及皮肤建立起防护网，有效减轻自由基对身体造成的伤害。

富含维生素C的素食
蔬菜类： 卷心菜、菠菜、白菜
水果类： 草莓、猕猴桃、苹果、
　　　　　柳橙、葡萄柚、柠檬

富含维生素E的素食
蔬菜类： 十字花科蔬菜
油脂类： 葵花籽油、橄榄油

❹ 膳食纤维：清除肠道毒素

五谷杂粮、蔬菜与水果中含有大量的膳食纤维，而膳食纤维不存在于任何肉类食物中。多食用素食，能给身体提供充足的膳食纤维，有利于促进肠道蠕动，帮助清除宿便，防止毒素堆积在肠道中引发疾病。

富含膳食纤维的素食
蔬菜类： 菠菜、芹菜、韭菜、
　　　　　芋头、南瓜、黄瓜、
　　　　　海带、紫菜
水果类： 猕猴桃、苹果、鳄梨
五谷、豆类： 糙米、荞麦、黄豆

保健作用❷ 素食是最好的保养品

皮肤偏酸性容易产生皮肤老化问题。多吃素可以调节酸碱平衡，使皮肤红润有光泽。

你相信吃素可以让人更漂亮吗？少肉多素的饮食方式，多年来一直受许多好莱坞女星与名模们青睐，因为多吃素食可以使人身轻如燕，皮肤洁净美丽。如果你想要皮肤健康有光泽，应该在饮食的调配中，增加素食的比例。

美肤的关键：血液循环良好

皮肤就像是反映健康的一面镜子，想要使皮肤漂亮，首先要使身体的状态保持良好。

皮肤的健康诊断首先要看血液循环，通常血液循环良好的人，肤质就会健康、清透、不油腻。反之，如果血液循环差，就很容易在皮肤上出现各种状况，如出现斑点、肤色暗沉或毛孔粗大等现象。

偏酸性的血液不仅容易导致身体器官出现病变，也会影响皮肤的健康。

常吃肉食者的肤质

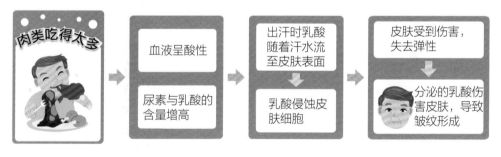

肉类吃得太多 → 血液呈酸性　尿素与乳酸的含量增高 → 出汗时乳酸随着汗水流至皮肤表面　乳酸侵蚀皮肤细胞 → 皮肤受到伤害，失去弹性　分泌的乳酸伤害皮肤，导致皱纹形成

常吃素食者的肤质

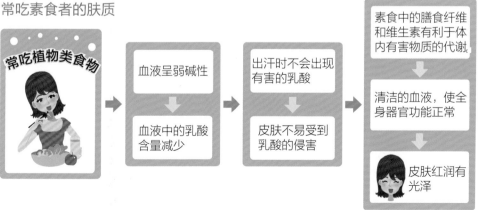

常吃植物类食物 → 血液呈弱碱性　血液中的乳酸含量减少 → 出汗时不会出现有害的乳酸　皮肤不易受到乳酸的侵害 → 素食中的膳食纤维和维生素有利于体内有害物质的代谢　清洁的血液，使全身器官功能正常　皮肤红润有光泽

素食中的美容成分

蔬菜、水果与各种谷物中普遍含有丰富的维生素、多种矿物质，能促进新陈代谢，也有利于消化吸收，帮助改善肤质。素食中的膳食纤维是使皮肤保持洁净光滑的重要营养素。而菠菜、韭菜、黑木耳等含丰富铁，能使皮肤恢复好气色。

维生素C：代谢黑色素

多摄取维生素C能保持皮肤的年轻状态，拥有充足的活力来进行皮肤的新陈代谢，有助于黑色素的代谢。晚上多摄取维生素C，可以帮助你更有效地吸收营养。

维生素E：防皱抗老高手

维生素E是抗皱高手，能延缓皮肤老化，保持皮肤润泽，避免皮肤粗糙干燥产生皱纹。维生素E也能帮助修护细胞，使皮肤细胞新生，并能保持皮肤的弹性与光泽。

铁质：补血、红润气色

脸部皮肤暗沉与泛黄是许多女性共同的烦恼。正常的生活作息与保养，加上充足的营养摄取，内外调理，才能造就美丽好气色。许多蔬菜与水果中所含有的丰富铁具有良好的补血效果，能使身体气血畅通，帮助皮肤恢复弹性与光泽。

素食中重要的美容营养素

美容效果	美容营养素	食材主要疗效	代表食材
抗皱	❶ 蛋白质 ❷ 维生素E ❸ 维生素A	●若能补充足够的蛋白质，就能充分保持皮肤紧实有光泽 ●维生素E能延缓皮肤老化 ●维生素A能增加皮肤弹性	蔬菜类：西红柿、土豆、南瓜、胡萝卜、卷心菜 坚果类：杏仁、芝麻、花生、葵花籽、腰果
维持好气色	铁	●铁能改善体内的造血功能，使皮肤变得红润	蔬菜类：菠菜、黑木耳、甜菜根、海带、裙带菜 豆类：黑豆、黄豆 五谷坚果：燕麦、南瓜子
美白	❶ 维生素C ❷ 番茄红素	●维生素C与番茄红素能对抗氧化 ●维生素C还能赶走黑色素，使皮肤白皙	蔬菜类：白菜、卷心菜、菜花、青椒 水果类：柠檬、苹果、水梨、柑橘、草莓
消除黑眼圈	❶ 蛋白质 ❷ 矿物质 ❸ 维生素A	●蛋白质与矿物质有助于促进血液循环，可以帮助消除黑眼圈	胡萝卜、枸杞子、红枣、鸡蛋、豆制品
消除青春痘	B族维生素	●维生素B$_1$能促进新陈代谢 ●维生素B$_2$能预防和治疗脂溢性皮炎	蔬菜类：胡萝卜、豌豆、黄豆、紫菜、蘑菇 水果类：香蕉、菠萝

保健作用❸ 素食给你苗条身材

动物性脂肪摄取过多，是造成肥胖的主因之一。素食中的膳食纤维可以缩短食物通过胃肠的时间，还能减少脂肪在体内的堆积。

目前肥胖已经成为世界性的健康问题，很多人都有肥胖问题。而肥胖的发生，与日常饮食有关。简单地说，当身体摄取的热量远高于消耗的热量时，多余的热量就会以皮下脂肪或内脏脂肪的形式囤积在身体内部。经过一段时间之后，体重会逐渐增加，体形也会开始横向发展。

肥胖可说是现代人的文明病，它与现代精制食物与高脂肪动物性食品的风行有绝对的关系。

动物性脂肪是造成肥胖的主因

过剩的动物性脂肪是造成肥胖的主要原因。若经常摄取过多的动物性脂肪，这类属于饱和性脂肪酸的油脂长期堆积在人体中，很容易导致脂肪过剩而造成肥胖。

有的脂肪会堆积在皮下，形成赘肉；有的脂肪则会囤积在内脏周围，形成内脏脂肪。后者堆积越多，越会引发难以预料的慢性病。

动物性食物VS.植物性食物的热量

下表显示不同食物的热量。通过下表，你可以了解动物性食物所含的热量远远高于植物性食物所含的热量。

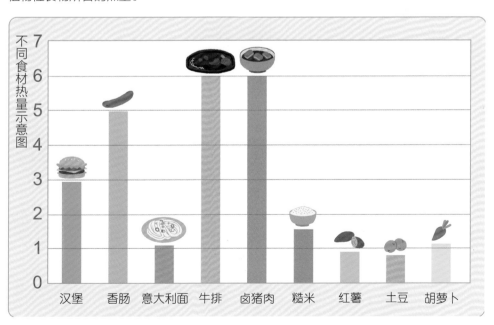

素食为何较不易发胖

植物性食物的热量较低，不会对身体造成过多的负担。因此多吃素食较不容易在体内囤积过多热量，能使人保持适当的体重。

植物性食物能使血液呈碱性，因此能促进人体的新陈代谢，有助于脂肪代谢，帮助减少体内多余的脂肪与糖分，从而防止肥胖。

素食含丰富的矿物质与维生素，能促进人体代谢，使身体内过剩的营养与水分得以排出，并能改善排便状况，消除胀气与虚胖症状。

饱足感控制食量

水果与蔬菜含有丰富水分和膳食纤维，其中以水果的水分含量最高。在食用水果和蔬菜后，人体通常会产生饱足感，如此可以控制正餐的进食量，达到控制食量与减肥的目标。

植物性食物含有较多的矿物质、维生素与水分，含脂肪与糖分较少。因此多吃植物性食物，能使人体摄入的热量相对减少。

膳食纤维不会产生热量

蔬果与五谷杂粮中的膳食纤维不会被身体吸收，也不会产生热量，并且能缩短食物通过胃肠的时间，有效促进消化、排泄，使得脂肪难以在体内堆积。

提高素食在三餐中的比例

有效对抗肥胖的最好方法，就是全面调整饮食习惯。将偏重肉类与高脂肪食物的饮食，调整为着重素食的饮食，每天尽量多食用全麦制品、水果与蔬菜。

少食用高脂肪食物

动物性脂肪产生的能量较多，1克动物性脂肪就提供9千卡的能量，而热量高的食物往往容易引起肥胖。

天天五蔬果

每天最好摄取25～35克的膳食纤维，建议多从高纤维的素食食物中摄取，如全麦面包、绿叶蔬菜、葡萄干、糙米、胡萝卜、苹果、卷心菜、芹菜等，这些食物能帮助你降低肥胖症发生的概率。

所谓的"天天五蔬果"，意思是指3份蔬菜和2份水果。1份等于100克，每天3份蔬菜，就等于要吃1.5碗煮熟的蔬菜；1份水果约等于1个拳头大或盛满1个饭碗的水果量。

保健作用❹ 素食能防癌抗癌

食用过多肉类，小心癌症"上身"！肉食，尤其是炸鸡、烤肉等，虽然美味，但很有可能导致大肠癌。提高素食在饮食中的比例，能增强人体免疫力，提高抗癌防癌的能力。

常见癌症与饮食的关系

癌症是当今人类健康的头号杀手，每年全球因癌症死亡的人数不断增多。

大肠癌

以肉类为主食的人，由于肠道中的厌氧菌较多，又因为摄取大量脂肪时，需要分泌较多胆汁来消化脂肪，因此产生的代谢废物较多。

当人们以肉类为主食时，蔬菜与水果的食用量就会减少，排泄物在肠道里停留的时间就会延长，因此致癌物质便有机会在肠道内囤积，时间一长易引发大肠癌。

胃癌

经常食用烟熏肉类食品的人，罹患喉癌与胃癌的比例较高。日本、冰岛与中国的沿海居民，因为食用烟熏鱼类较多，罹患胃癌、喉癌概率也普遍较高。

乳腺癌

经常食用高脂肪的食物，容易罹患乳腺癌。女性食用肉类、蛋类与动物性油脂类的食物越多，罹患乳腺癌的风险也就越高。

癌症与易致癌的食物

从下表的分析中可以了解，约有半数以上的癌症与常吃肉类和动物性脂肪有关，说明吃太多肉类（尤其是烧烤、高脂肪类）会增加罹患癌症的风险。

癌症类型	高风险食物
鼻咽癌	咸鱼
肺癌	高脂肪食物、动物性脂肪、烧烤肉类
胰腺癌	高胆固醇肉类
胃癌	烧烤肉类、高盐食物
子宫内膜癌	动物性脂肪
乳腺癌	高脂肪食物、动物性脂肪
肾癌	肉制品、乳制品
前列腺癌	高脂肪食物、动物性脂肪、乳制品
大肠癌	红肉、高脂肪食物、动物性脂肪

肉类食物会产生哪些致癌物质？

致癌物质	肉食来源说明	对身体的危害
❶ 苯基嘌呤	约900克重的炸牛排所产生的苯基嘌呤致癌物，等同于约600支香烟的致癌物总量	体内长期堆积苯基嘌呤物质，很容易罹患白血病或胃癌
❷ 甲基胆蒽	肉类脂肪高温加热时，会形成甲基胆蒽	身体大量堆积甲基胆蒽时，易罹患癌症
❸ 微生物	肉食中的微生物与肠内消化液发生作用时，产生的化学物质易导致癌症发生	容易导致大肠癌
❹ 化学添加物	加工肉品中的化学添加物——硝酸盐与亚硝酸盐等可能导致致癌物质亚硝胺的产生	食用含硝酸盐食物与含胺类食物，容易产生致癌物亚硝胺
❺ 激素、抗生素	为了加速动物生长及预防疾病，商家会为动物注射激素以及各种抗生素	长期食用这类肉食，可能罹患恶性肿瘤

食用不同食物罹患乳腺癌的风险值 （数字越大患癌率越高）

食用份数 \ 食用种类	肉类	蛋类	奶油、奶酪
每周1份	1	1	1
每周2～4份	2.55	1.91	2.1
每周7份以上	3.83	2.86	3.25

素食增强免疫力

素食中的维生素C与维生素E含量较高，这类营养素都有助于抗氧化，能防止自由基入侵，因此能有效避免癌症发生。多吃素食能降低肺癌、结肠癌、直肠癌与乳腺癌的发病率。

植物性食物中含有所谓的"植物性雌激素"，如黄豆中的大豆异黄酮。近年来健康食品厂商大力宣传，认为植物性雌激素成分不伤人体，可以作为药用雌激素的替代品来缓解更年期症状，不过其功效仍有待未来人体实验研究的证实。

多吃蔬果，癌症远离你

多食用蔬菜、水果与五谷杂粮能帮助人体预防绝大多数的癌症，蔬菜与水果效果更好。

水果与蔬菜被认为是治疗癌症的良药。2007年，在美国癌症研究学会年会上发表的一份调查显示，吃水果与肺癌的发病无直接的关联，但每周吃蔬菜色拉少于2次的受访者，其肺癌发生概率比每周吃4次以上的人高约2倍。

一般认为水果中含有非常丰富的维生素，因此被誉为预防与治疗癌症的佳品。

保健作用❺ 素食健脑，防阿尔茨海默病

绿叶蔬菜中的叶酸可以促进幼儿脑神经的发育，黄豆中的乙酰胆碱则能够减缓阿尔茨海默病患者记忆力退化的速度。

素食可以提高智力吗？

2006年，英国南安普顿大学对8179人进行调查，追溯了被调查者30年前的智力测验成绩，发现自称吃素的人，其童年智商测验分数平均为104分，高于非吃素者的平均分数99分。虽然该调查并不能证实吃素能使人变聪明，但似乎童年智商测验分数高者，长大后都倾向选择素食。

人体的大脑与其他身体器官一样，需要依赖血液运送各种营养与氧气来维持运作。然而大脑与人体其他器官也有不同的营养需求。

大脑主要由神经细胞组成，为了发挥脑神经的功能，需要补充构成大脑神经传导物质的营养素，如氨基酸中的色氨酸与酪氨酸。

帮助健脑的素食

❶ 黄豆、花生

现代医学研究发现，阿尔茨海默病患者记忆力与智力的减退与患者脑神经传导物质乙酰胆碱分泌的减少有关。所以增加患者体内乙酰胆碱的浓度，有助于延缓患者记忆力与智力的退化。

乙酰胆碱由胆碱合成，食物所含的卵磷脂是胆碱的主要来源。因此有些营养学家认为，多吃含有卵磷脂的食物，如黄豆、花生等，有助于增强记忆力与智力。

❷ 绿叶蔬菜

绿叶蔬菜中含有叶酸，叶酸能促进幼儿神经管发育。医学研究发现，如果妇女在怀孕期间，叶酸摄取不足，胎儿可能会发生神经管缺陷。怀孕妇女最好适量服用叶酸补充剂。

❸ 香蕉

香蕉中含有丰富的色氨酸，它是脑神经传导物质血清素的前驱物。血清素能使大脑保持愉悦状态，也能稳定情绪，增强分析与思维能力。

❹ 核桃

核桃中含有卵磷脂，能合成脑神经运作所需的乙酰胆碱，从而提高记忆力。核桃中的多种蛋白质还能为大脑补充营养，使大脑正常工作。

❺ 豆类、豆制品

豆类对于脑细胞有滋补作用，其中以黄豆与豆制品最为优越。豆类中含有约40%的优质蛋白，并含有较多的卵磷脂、钙、铁、维生素B_1、维生素B_2等，是补脑与健脑的理想食物。

若要增强记忆力，建议多食用些黄豆。因为黄豆含有丰富的卵磷脂，其为构成大脑细胞的重要营养物质，也是脑神经细胞间传递信息的桥梁，能有效健脑补脑和提高记忆力。

保健作用❻ 改善痛风、胆结石

痛风及胆结石的发生，与饮食方式息息相关。肉类嘌呤含量高，会使血液呈酸性；而高胆固醇则会使胆汁浓度过高，引起胆结石。

蔬果饮食远离痛风

长期食用高蛋白与高嘌呤食物，容易产生过多尿酸，导致痛风发生。肉类的蛋白质与嘌呤含量远高于蔬果，这就是为什么吃肉太多会引起痛风的主因。

饮食营养失衡是引起痛风的主因

饮食营养失衡也是导致身体容易出现慢性疾病的一大主因。人体在正常状态下，体液应该呈弱碱性。弱碱性的血液能使身体各项机能正常运作，使所有代谢的废物都能快速地排出体外。

如果人体无法将尿酸排出体外，血液中尿酸浓度就会升高，进而引起急性关节炎，就是俗称的"痛风"。

吃肉太多，血液会呈酸性

某些养生人士认为，人体可分为偏碱性体质与酸性体质，由于人体体液正常时为弱碱性，故偏酸性体质代表身体处于不健康的状态。

他们进一步主张，当人食用过多肉类与高脂肪食物时，血液就会逐渐变成偏酸性。这是由于蛋白质代谢后的废物会形成尿素与酮酸，如果这些代谢物无法顺利排出体外而堆积在人体内，就会引发慢性疾病。

动物性食物的嘌呤含量VS.植物性食物的嘌呤含量

动物类（100克）	嘌呤含量（毫克）	植物类（100克）	嘌呤含量（毫克）
沙丁鱼	118	豌豆	18
肝脏	93	栗子	16.4
猪肉	41	芹菜	10.3
小牛肉	38	菜花	8
牛肉	37	胡萝卜	8
鹅肉	33	土豆	5.6
鸡肉	29	白菜	5
蟹肉	26	西红柿	4.2
羊肉	26	黄瓜	3.3
火腿	25	南瓜	2.8
龙虾	22	柳橙	1.9

食用过多肉类（蛋白质、脂肪）的危害

蛋白质	脂肪

- 在体内分解生成酮酸、尿素（具有强烈刺激性）
- 留存在体内会引起各种慢性疾病

- 在体内分解生成丁酸、乳酸与丙酮酸（具有强烈刺激性）
- 留存在体内会引起各种慢性疾病

❶ 代谢后的尿酸盐堆积在关节处，引起高尿酸血症或痛风。

❷ 通过汗液排出皮肤外的废物，如果堆积在表皮，可能引起湿疹。

身体内部代谢物累积，会逐渐损害内脏，长久下来就会引起慢性疾病。

以黄豆蛋白质替代肉类蛋白质

健康的身体，血液保持在弱碱性的状态，因此许多人主张要维持碱性体质，才能常保健康。想要维持碱性体质，首先要调整个人的饮食习惯，减少食用含大量动物蛋白的肉类，而以黄豆和豆制品来替代。

另外，充分补充水分也可以帮助人体排出代谢物。蔬果中所含的水分与膳食纤维素有助于消化与排泄功能正常运作，让人体维持健康的碱性体质。

防治痛风的饮食对策

❶ **减少肉类食物的食用：**肉类食物含有丰富的蛋白质，这些蛋白质会产生酸性代谢物，因此这类食物被部分养生人士视为伤害人体的酸性食物。建议在日常的饮食中，有计划地减少肉类食物的食用量。少吃牛肉、羊肉、海鲜食物、辛辣刺激性食物、酒类，同时避免食用各种刺激性香料与含有咖啡因的饮品。

❷ **增加碱性食物的食用量：**肉类被归为酸性食物，蔬菜与水果被认为是碱性食物，能使血液保持碱性状态。多食用蔬菜与水果，可使人体保持活力与头脑清晰，并使身体各器官正常运作，同时也能有效预防慢性病。

❸ **多吃十字花科蔬菜：**十字花科蔬菜富含钾、叶酸和膳食纤维，多食用此类蔬菜，能有效降低罹患中风的概率。

膳食纤维改善胆结石

胆结石是成年人常患的慢性病之一，成年人罹患胆结石的比例约为10%，而中年妇女的患病率甚至高达15%。

胆结石的形成与经常食用高胆固醇食物有关。长期食用高脂肪食物与肉类食物，更容易导致中年以后罹患胆结石。

胆结石的主要成分为胆固醇，因此胆结石的产生与人的饮食习惯有密切的关系。

食用大量高脂肪与高蛋白食物，如肉类后，人体首先会分泌胆汁来分解代谢胆固醇。若继续摄取胆固醇，血液与胆汁中的胆固醇含量将会继续升高。

含有高浓度胆固醇的胆汁，因不易流动，就容易在胆囊中形成结石。

在出现胆结石之前，人体普遍会出现肝脏的问题与便秘症状，腹部也容易出现胀气。刚开始有胆结石时，由于结石颗粒很小，人体通常不会出现异常感觉。当有异常感觉时，表示病症已经严重影响体内器官的生理功能，并因此产生疼痛等症状。

膳食纤维可降低胆固醇

素食的饮食方式能有效避免胆结石的形成。蔬菜、水果中不含胆固醇，含有膳食纤维，而膳食纤维就是帮助人体降低胆固醇的营养素。

膳食纤维在胃肠中会吸附部分胆固醇，促使其排出体外，间接地避免胆固醇在胆汁中堆积，从而减少形成胆结石的风险。

防治胆结石的饮食对策

❶ 喝大量水和吃水果：每星期吃充足的水果，并大量喝水，能有效预防胆结石的发生。已经出现胆结石症状者，应该多食用含有钾的蔬菜与水果，能帮助减轻肝脏与胆囊的负担。

❷ 清淡、低油脂饮食：胆结石患者平常应该采取清淡的饮食，建议多吃低油脂的食物。这是因为过于油腻的食物，不论是何种油脂，都容易引起胆囊收缩，加重胆囊负担。

❸ 植物油（不饱和脂肪酸）为主：平日烹调用的食用油应该改成植物油为主，因为植物油含不饱和脂肪酸，有利于降低血液中的胆固醇浓度。

❹ 避免吃高胆固醇食物：胆固醇性胆结石的形成主要源于食物中的高胆固醇，因此平日要避免经常食用高胆固醇的食物。各种动物的肝脏和肾脏、鱼卵、蛋黄、肥肉、猪油、牛油或高脂肪的糕点，都应该少吃为妙。

❺ 早餐吃得好：早餐要尽量安排营养均衡的食物。早餐摄取丰富的营养，有助于增强身体的代谢能力。

保健作用❼ 预防心血管疾病

流行病学调查发现，心血管疾病的发病率与人们平日过度依赖肉类的饮食习惯有密切的关系。

植物性油脂可降低胆固醇

饮食中摄取的动物性脂肪过量，易导致各种慢性疾病的出现。肉类中的饱和脂肪酸与胆固醇容易引发心脏病与高血压。

想要避免心血管疾病发生，首先要保持血管的弹性。让血管保持柔软，就能使血流顺畅。而保持血管柔软的前提，就是要避免过多的胆固醇在血管中堆积，这必须从调整日常饮食做起。

动物性食物含有饱和脂肪酸与胆固醇。饱和脂肪酸会刺激肝脏合成胆固醇，进而导致人体中的胆固醇浓度升高。

血液中的胆固醇过多，就会沉积在血管壁上，造成血液流动不顺畅，心脏需要用更大的压力才能维持正常的血液流动。另外，胆固醇沉积也会导致血管失去弹性，提高中风发生的概率。

植物性脂肪不含胆固醇，因此食用植物油可以有效预防动脉硬化。植物油所含的不饱和脂肪酸，有助于降低血中总胆固醇含量，间接预防高血压与心血管疾病。

外食特点：高脂高钠少蔬菜

根据流行病学的调查发现，高脂肪与高钠的饮食，与高血压发病率的升高有密切的关系。日常饮食中的油脂与盐分摄取越多，越容易出现高血压症状。

现代人的饮食越来越依赖餐厅外食与西式快餐，这是形成高脂肪、高钠饮食的主要原因之一。

动物性食物除了含有脂肪外，还含有胆固醇，摄取太多会超过人体所需。当血液中的总胆固醇增多，胆固醇便会沉积在血管壁，影响血液流动，进而加重心脏输送血液的负担。

时间一长，血管壁上沉积的胆固醇不仅会使血管失去弹性，还会使心脏承受过大的压力，进而引发高血压等心血管疾病。

饱和脂肪酸VS.不饱和脂肪酸

项目　　脂肪种类	饱和脂肪酸	不饱和脂肪酸
脂肪特性	进入人体后，会被输送到肝脏，合成胆固醇	不容易直接转化成胆固醇
对胆固醇的影响	增加血液中胆固醇的含量	不增加血液中胆固醇的含量
代表油脂	猪油、牛油	橄榄油、花生油、葵花籽油

素食为何能预防心血管疾病

❶ 饱和脂肪酸及胆固醇含量较低

美国医学学会宣称，多吃素食，至少可以减少90%～97%的心脏病发生概率。

素食中的饱和脂肪酸与胆固醇含量较低，能有效预防心脏相关疾病的发生。此外，由植物性食物构成的素食中含有大量的膳食纤维，能吸附肠道中的脂肪，间接降低体内胆固醇含量。

英国牛津大学医学院进行的医学研究也证实，多吃素可有效降低罹患心血管疾病的概率。

❷ 叶酸降低动脉硬化的发病率

素食中的叶酸含量比较丰富，能帮助人体降低血清中的高半胱氨酸水平，因此能降低动脉硬化的发病率。

素食中含有较多的类胡萝卜素，能干扰血中低密度胆固醇的氧化过程，间接降低动脉硬化发生的概率，并有助于降低冠心病的发病率。

高脂血症指血液中的总胆固醇及甘油三酯含量超过正常值所导致的病症，高脂血症是引起动脉硬化与心脏病的危险因素。

经常食用大量的植物性食物，能帮助降低血液中的胆固醇与甘油三酯，预防动脉硬化。

素食者与肉食者 身体机能比一比

项目	素食者	肉食者
心脏病发病率	24%	57%
平均血压 （40岁~70岁 人群的平均值）	124/77 （mmHg）	134/83 （mmHg）

防治心血管疾病的饮食对策

要积极有效地预防高血压等心血管疾病，首要的对策就是有效降低血中的胆固醇浓度。

❶ 减少饱和性脂肪酸的摄取

尽量使用植物油来烹调食物，少使用猪油等动物性油脂。减少饱和性脂肪酸的摄取，至少应该减少原本摄取总量的10%。

可将涂抹在面包或三明治上的奶油或果酱改成油醋色拉酱汁或是蔬菜调制的抹酱。改掉用奶油或色拉酱来调制色拉的习惯，并开始使用酸奶或香草来调味，如此才能符合低脂健康的原则。

❷ 减少高胆固醇食物的食用

尽量降低含有高胆固醇的食物食用量，平常要尽量少食用牛油、猪油、蛋黄、熏肉、羊油等动物性食物。美国农业部的研究报告中，建议每天食用的肉类应该控制在156克以内，并且最好只吃瘦肉。

高胆固醇的食物包括肥肉、奶油糕点、蛋类制品、蛋黄、鱼卵、鸡皮、鸭皮、动物内脏以及贝类等海鲜。通常来说，脂肪含量较高的食物所含的胆固醇也相对较高。

❸ 减少盐分的摄取

食用盐的比重过高，也是导致高血压发病的重要原因之一。建议每日食盐量在5克以下，包括从酱油、咸菜或其他调味品中所摄取的盐量，如此能有效控制体内钠的浓度。

素食对人体的保健作用

❶ 帮助排毒

❷ 美容护肤

❸ 窈窕瘦身

❹ 防癌抗癌

❺ 健脑，预防阿尔茨海默病

❻ 预防痛风

❼ 预防胆结石

❽ 预防心血管疾病

Chapter 4

这样吃素最有营养

以下将与你分享素食的搭配原则，通过巧妙的搭配，协助作为素食新手的你快速进入素食生活。

素食者需补充的营养素

很多人担心吃素会造成营养不良，但是其实只要掌握好素食搭配的均衡原则，吃素食绝对可以和吃肉食一样有营养，甚至更健康。

尽管素食已经成为目前的时尚潮流，但是许多人仍然对要不要吃素食而犹豫不决。他们对素食的忧虑，主要在于担心素食无法提供全面的营养而导致营养不均衡或营养失调。

许多人对素食营养的疑虑，主要是担心蛋白质和钙可能摄取不足。

而对蛋白质摄取的疑虑，主要是认为动物性食物能提供优质蛋白，而植物性食物无法提供充足的蛋白质。

对钙质摄取不足的疑虑，则是因为相信乳制品是提供钙的唯一食物来源，认为若是采取严格的素食，将会减少钙的摄取。

想要消除这些疑虑，首先应该了解的是哪些营养素是素食者比较容易缺乏的，平时又应该如何从饮食中得到补充。

补充营养素 ❶ 蛋白质

如果素食者没有食用豆类，或因为减肥、缺乏食欲而减少豆类的食用，就很有可能会造成蛋白质摄取不足。建议要多补充豆类食物，来强化优质蛋白的摄取。

由于蛋白质是构成人体细胞的重要营养素，因此蛋白质也普遍受到大众的瞩目与重视。

许多人只从肉类与乳制品中获取蛋白质，认为植物性食物不含丰富的蛋白质，无法为人体供应足够的蛋白质。然而，越来越多的健康问题显示，过度偏重肉类饮食的习惯会导致蛋白质的摄取量超过人体的正常需求，进而引发许多严重的健康问题。

动物性食物的蛋白质含量虽然很高，但是其热量也同样高得惊人，因此摄入的热量很容易超过人体每天活动所需的热量。这些热量主要来自肉类中的脂肪，过量的动物性脂肪及胆固醇，是引发高血压与心血管疾病的危险因素。

最好且最安全健康的蛋白质来源是植物性食物，而不是动物性食物。植物性食物能提供人体所需的蛋白质，良好的植物性蛋白质会比动物性蛋白质更有营养。

人体需要的蛋白质是均衡的蛋白质，而不一定非得是肉类蛋白质。植物性食品的热量比动物性食品的少。长期摄取植物性食品，不仅能摄取充足的优质蛋白，保持人体健康，也能预防肥胖症与各种慢性疾病。

补充营养素 ❷ 钙

对素食饮食的疑虑，还包括担心钙的摄入不足。过去，许多人认为足够的钙必须通过乳制品来摄取。

然而，美国临床营养学期刊的一篇报告证实，引起骨质疏松的五大可能原因中，首要因素是食用过量动物性蛋白质。这项报告指出，鱼肉、红肉、蛋类所含的蛋白质会促使钙从骨骼中溶出，再经肾脏代谢排出体外。

某些植物性食物中含有丰富的钙，可以避免摄入不必要的胆固醇与动物性蛋白质。更多的研究报告显示，以素食饮食为主的人比肉食者较不易发生钙流失。

若你仍担心素食中的钙不足，不妨看看下表的分析。你将发现，部分植物性食中含有十分丰富的钙，完全能满足人体的需要。

植物性食物的钙含量 （每100克）

食物种类	钙含量 （单位：mg）
罗勒	285
葱	72
油菜	153
菠菜	66
红薯叶	180
卷心菜	49
西蓝花	50
牛蒡	46
胡萝卜	27
木耳（鲜）	34
柠檬	101
猕猴桃	27
葡萄柚	21
苹果	4

补充营养素 ③ 铁

植物性食物中虽然含有丰富的铁，但是其中的铁不如动物性食物中的铁容易被人体吸收。因此，素食者有可能出现铁吸收率较低的问题，铁通常被认为是素食者易缺乏的营养素之一。

建议素食者多食用豆类与豆制品，因为这两种食物都能为人体补充足够的铁。

值得注意的是，缺铁的素食者应避免摄取过多的茶饮、咖啡与甜菜根，因为上述食物会影响铁的吸收。建议将含有铁的食物与含有维生素C的食物搭配食用，因为维生素C能促进铁的吸收，有助于提高人体对食物中的铁的吸收率。

补充营养素 ④ 维生素B₁₂

建议多食用发酵的豆制品，如纳豆或腌渍的豆类食品。因为发酵的豆类含有较丰富的维生素B₁₂。也可以选择维生素B₁₂营养补充剂或保健食品，在选择生产厂商时，应注意通过认证的才有安全保障。

植物性食物的铁含量 （每100克）

食物种类	铁含量（单位：mg）
麦片	11.1
红豆	7.4
白芝麻	14.1
黄豆	8.2
松子	5.9
花生（鲜）	3.4
菠菜	2.9
豆腐	1.2
木耳（鲜）	1.2
白面包	5.5
香菇（鲜）	0.3
樱桃	0.4

素食者易缺少的营养素

易缺少的营养素	素食者补充营养的饮食对策
❶ 蛋白质	食用适量豆类，不要过度减肥
❷ DHA	无法吃鱼的素食者，α-亚麻酸是另一种较好的选择，它可以在人体内转化为DHA，含有α-亚麻酸的常见食材有菠菜、白菜
❸ 维生素B₁₂	蛋奶素食者可多补充牛奶及制品，全素者可由全麦、糙米、海藻、香菇、黄豆及发酵豆制品中获得维生素B₁₂
❹ 维生素D	每天至少晒15分钟太阳。应从牛奶、蛋类、香菇中摄取维生素D
❺ 钙	蛋奶素食者每天喝1~2杯牛奶；全素者每天吃一碗黑芝麻糊。每天至少吃一次深绿色蔬菜，每餐都要有一种豆制品
❻ 铁	菠菜、苋菜、红凤菜、油菜等含铁量高，可多补充，且最好搭配富含维生素C的食物一起吃
❼ 锌	多吃未精制的五谷杂粮类，如小麦胚芽、燕麦片等

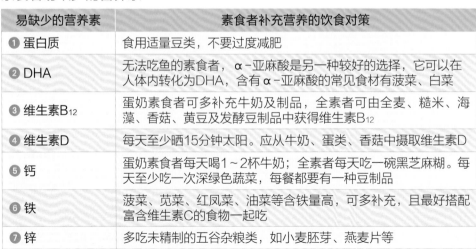

素食饮食的营养搭配

其实素食的食材非常丰富，善用以下的营养素搭配，就能够让你一天的生活充满元气！

以下将以营养素为主轴，针对不同的营养素，来设计合适的素食菜单。如此不仅能消除许多人对素食摄取营养不足的疑惑，同时也能帮助人体均衡地摄取多种营养。

❶ 蛋白质

豆类、谷类、水果类、蔬菜类、种子类食物中都含有丰富的蛋白质。建议将黄豆作为饮食中的主食，因为黄豆是优质蛋白的来源，搭配同样含有丰富蛋白质的其他豆类及绿叶蔬菜食用，能帮助人体摄取多种优质的营养。

> **Point** 可将黄豆作为主食，并搭配绿叶蔬菜食用。

❷ 糖类

最容易摄取糖类的食物就是五谷。建议用复合式的五谷杂粮饭，如胚芽米饭、糙米饭、南瓜绿豆粥、红薯糙米粥等，来替代精细型的糖类食物，如米饭或白面包。

> **Point** 以五谷杂粮饭取代米饭。

❸ 维生素、矿物质

我们可以从豆类、绿叶蔬菜、水果、五谷类饮食中获取维生素与矿物质。值得一提的是，部分矿物质与维生素容易在高温烹调或浸泡清洗的过程中流失。因此在烹调上述食材时，要避免高温烹调或久煮。

食用绿叶蔬菜搭配烹煮过的豆类做成的生菜色拉，也能摄取充足的矿物质与维生素。

> **Point** 叶菜类食物忌高温烹调或久煮，以免营养素流失。

素食饮食的搭配原则

以下表格将列举一天的素食搭配原则，让你能轻松掌握素食分量，为你提供一天所需的充足营养，帮助你享受轻松又健康的素食生活！

素食类别	摄取分量与建议
❶ 蔬菜	每天3份绿叶蔬菜（生食蔬菜1份、煮熟或炒熟的蔬菜2份）
❷ 水果	每天3份水果 （新鲜果汁1杯、切片水果1份、中等大小的水果1个）
❸ 豆类与豆制品、蛋类	豆类、豆制品与蛋类共3份 （豆浆1杯、炒青豆1份、蛋白1个、坚果2大汤匙、豆腐1/4份、花生酱2大汤匙）
❹ 牛奶与乳制品	牛奶1杯、酸奶1杯、奶酪1/5杯
❺ 米面食品	谷类1/2份、米饭或面食1/2份、面包1片
❻ 脂肪、油、白糖	有节制地食用（植物油、甜品、糖果、人造奶油）

Part 2
天然食材，吃出健康活力

食疗效果、选购方法、营养分析，

46种食材怎样吃最能发挥功效，

搭配超人气素食食谱，

让你享受天然健康的好滋味！

Point 靓白除斑美颜佳品

柳橙 *Orange*

- **别名**：柳丁、黄橙、甜橙

- **性质**：性温

柳橙保健功效
- 促进消化
- 强化血管
- 预防感冒
- 利尿
- 健胃
- 增强免疫力
- 美容养颜
- 预防心脏病

○ 适用者
- 一般人
- 病后初愈者
- 爱美女性
- 便秘者

✗ 不适用者
- 胃肠虚寒者

 ## 柳橙的食疗效果

柳橙中的维生素C含量很丰富，有利于修护皮肤细胞，使皮肤保持光亮润泽；柳橙也含丰富的胡萝卜素，有利于提高人体的免疫力。

柳橙中的维生素E能抗氧化，防止细胞老化，并能维持皮肤与头发的润泽与弹性。

柳橙中的多种有机酸有利于健胃整肠，能帮助消化，改善食欲，并能减轻胃肠胀痛症状，同时也能缓解便秘。

柳橙的营养价值

❶ **维生素C**：柳橙中含有大量的维生素C，具有预防雀斑与黑斑的功效，也能保持脸部皮肤润泽，并能保护视力。维生素C也有助于维护头发的健康，使头发顺滑、有光泽。

❷ **B族维生素**：柳橙中也有B族维生素，B族维生素可以促进人体新陈代谢，使皮肤恢复好气色。缺乏维生素B_1时，容易造成水肿；维生素B_6是天然的利尿剂，可以促进排尿，缺乏时则易造成贫血。

■ 选购达人

❶ **挑选**：果皮薄，表面光滑、具有光泽，最好呈现金黄色泽，果皮充满弹性并带有硬度者，手感沉重为佳。

❷ **清洗**：柳橙果皮要特别注意清洗，可使用温水并以海绵或刷子轻轻搓洗，这样较容易去除果皮上的蜡。

❸ **烹调**：烹调柳橙时，若需要柳橙皮入菜提味，记得烹调橙皮的时间不宜过久，要保持橙皮的鲜味，就不能煮得太老，需要注意掌握火候。

柳橙的营养成分表

主要营养成分	每100克中的含量
热量	48千卡
膳食纤维	0.6克
维生素B_1	0.05毫克
维生素C	33毫克
钾	159毫克

■ 食用方法

❶ **柳橙汁解酒**：新鲜柳橙中所含的丰富的维生素C，对人体有良好的修护能力。不想依赖市售解酒剂的人，可以考虑用柳橙帮助解酒。只要将柳橙洗干净，榨成汁，新鲜饮用即可。

❷ **榨汁的方法**：在榨柳橙汁前，先将柳橙放在桌面上用力滚动挤压，让果实变软，然后再切开榨汁，如此能榨出更多的柳橙汁，避免浪费。

代谢毒素 + 美白皮肤

促进消化 + 恢复活力

甜橙菊花茶 （1人份）

营养分析档案

- 热　量：174.0千卡
- 糖　　类：35.7克
- 蛋白质：2.4克
- 膳食纤维：9.0克
- 脂　肪：2.7克

材料

菊花……4克
柳橙……2个

做法

❶ 将菊花清洗干净，放入滚水中冲泡成茶汁，放凉后备用。

❷ 将柳橙榨成柳橙汁，加入菊花茶汁混匀后即可。

吃出食疗力

　　柳橙中的维生素C能美白皮肤，维生素E与维生素A能使皮肤变得细致润泽；菊花中的多种矿物质能保持身体酸碱平衡，有助于代谢毒素，使皮肤保持润泽美丽。

橙香茶饮 （1人份）

营养分析档案

- 热　量：19.3千卡
- 糖　　类：5.0克
- 蛋白质：0克
- 膳食纤维：0克
- 脂　肪：0克

材料

柳橙皮……40克

调味料

冰糖……1小匙

做法

❶ 将柳橙皮洗干净，切块。

❷ 将柳橙皮放入锅中，加入适量清水煎煮1小时，并加入冰糖调味即可。

吃出食疗力

　　此道茶饮含有丰富的维生素C，能促进消化，有助于减少胃肠毒素的堆积，使皮肤保持洁净美丽；橙皮中的挥发油还有消除疲劳的作用，能够使人恢复活力。

猕猴桃 *Kiwifruit*

● **别名：** 奇异果、
藤梨

● **性质：** 性寒

猕猴桃保健功效

● 美白皮肤　　● 增强抵抗力
● 帮助消化　　● 防止血管硬化
● 抗老化　　　● 调节血压
● 预防癌症

○ 适用者

● 一般人　　　● 消化不良者
● 便秘者　　　● 心血管疾病患者

✗ 不适用者

● 腹泻者　　　● 尿频者

猕猴桃的食疗效果

　　猕猴桃中的维生素C含量非常高，几乎是柑橘类水果的2～3倍，这使得猕猴桃成为美肤圣品。

　　猕猴桃中大量的维生素C具有很强的防癌抗癌能力，能抗氧化，并能积极地预防癌细胞侵袭；所含膳食纤维能促进胃肠蠕动，帮助消化。

　　猕猴桃靠近果皮处含有分解蛋白质的酶，能促进肉类的消化，分解脂肪，防止肥胖、消化不良与营养过剩等情况的发生。

猕猴桃的营养价值

❶ **维生素C：** 猕猴桃中的维生素C含量高，可以延缓衰老，使皮肤美白健康，还可以预防癌症与心脏病。维生素C还可以有效强化免疫系统，增强抵抗力，避免人体受到病毒的侵袭。

❷ **维生素A：** 维生素A具有保护皮肤细胞的作用，有助于维护表皮细胞的完整，因此多吃猕猴桃能使皮肤润泽，并能维持皮肤的弹性。维生素A也能够帮助抚平皱纹，消除皮肤的斑点。

■ 选购达人

❶ **挑选：** 猕猴桃的表面绒毛必须完整。完整地布满绒毛、没有受伤者为佳。选择果实饱满、握在手中有弹性、软硬适中的猕猴桃为宜。

❷ **清洗：** 直接浸泡在清水中，使用百洁布轻轻刷洗外皮；食用前将外皮去除即可。

❸ **烹调：** 如需烹调，建议火候不宜过大，烹煮的时间也不宜过长，以免丧失猕猴桃本身的甜美口感。

猕猴桃的营养成分表

主要营养成分	每100克中的含量
蛋白质	0.8克
膳食纤维	2.6克
维生素B₁	0.05毫克
维生素C	62毫克
胡萝卜素	0.13毫克

■ 食用方法

❶ **感冒者不宜食用：** 在平日食用猕猴桃，具有预防感冒的功效。但是当人体出现感冒症状时，要避免食用猕猴桃，以免加重身体畏寒发冷的症状。

❷ **早餐食用可缓解便秘：** 出现慢性便秘症状时，可在每天早餐前食用一个猕猴桃，有助于缓解便秘症状。

预防感冒 + 增强体力

狝猴桃茶 （1人份）

营养分析档案

- 热　量：53.0千卡
- 糖　类：12.8克
- 蛋白质：1.2克
- 膳食纤维：2.4克
- 脂　肪：0.3克

材料
狝猴桃……1个
红茶……4克

做法
1. 将狝猴桃洗净，去皮，切块。
2. 将红茶以滚水冲泡成红茶汁，接着将狝猴桃块放入果汁机中打碎后盛入杯中，加入红茶汁搅拌均匀后即可。

（吃出食疗力）
　　狝猴桃中丰富的维生素C能滋润皮肤，使皮肤保持活力。狝猴桃中的果胶能改善便秘症状，有利于维持皮肤的细致光滑。狝猴桃茶也能增强人体抵抗力，有助于预防感冒。

改善水肿 + 滋润皮肤

狝猴桃香柠露 （1人份）

营养分析档案

- 热　量：221.8千卡
- 糖　类：54.5克
- 蛋白质：3.6克
- 膳食纤维：7.2克
- 脂　肪：0.9克

材料
狝猴桃……3个
柠檬汁……2小匙

调味料
白糖……3小匙

做法
1. 将狝猴桃洗净，去皮，切片。
2. 将狝猴桃片放入锅中，加入清水与白糖，煮成浓稠状。
3. 等到狝猴桃糊放凉后，加入柠檬汁调匀，放入冰箱中冰镇后即可。

（吃出食疗力）
　　狝猴桃中的维生素C能滋润皮肤，其丰富的钾有助于代谢身体多余的水分，改善虚胖、水肿现象。狝猴桃露能促进胃肠消化，防止胃胀引发的便秘症状，适合在丰盛餐饮后食用。

樱桃 *Cherry*

● **别名：**莺桃、车厘子、朱果

● **性质：**性温

樱桃保健功效

● 补血
● 利尿
● 改善发质
● 抑制黑斑
● 强健脾胃
● 保护肾脏
● 消除疲劳

○ 适用者

● 一般人
● 体虚者
● 消化不良者

✗ 不适用者

● 胃肠虚寒者

樱桃的食疗效果

樱桃中含有大量的维生素C与维生素A，能使皮肤保持细致与弹性，还能有效抗氧化，是延缓衰老的圣品。

樱桃中丰富的矿物质能发挥补气的疗效，多吃樱桃能带给人丰沛的活力。其中，铁能有效补血，帮助女性保持红润的气色。

樱桃含有的花青素能促进新陈代谢，也有助于缓解自由基对人体的侵害。

樱桃的营养价值

● **铁质：**樱桃中的铁能使血液含氧量充沛。铁是血红蛋白的组成成分，红细胞能为人体细胞输送充分的氧气，使皮肤红润有气色。

● **鞣花酸：**樱桃中最引人注目的美容成分就是鞣花酸，它是一种多酚化合物，具有抗氧化作用，能抑制黑色素的形成，防止黄褐斑产生。

● **维生素A：**樱桃中的维生素A具有保护细胞的作用，能有效滋润皮肤，让皮肤充满弹性。

■ 选购达人

● **挑选：**要挑选樱桃果柄部分呈鲜绿色者，若果柄呈褐色或发暗，代表果实不新鲜。颜色上要选择果皮鲜艳有光泽者。在碰触果肉时，果肉有些许硬度，并有一定弹性的为佳，若果肉过软的则不新鲜。

● **清洗：**将樱桃浸泡在清水中，加入适量盐略微浸泡，再以流水反复冲洗。清洗的时间不能过久，也不要浸泡过久，以免樱桃表皮腐化。

樱桃的营养成分表

主要营养成分	每100克中的含量
烟酸	0.6毫克
膳食纤维	0.3克
维生素E	2.2克
维生素C	10毫克
铁	0.4毫克

■ 食用方法

● **加酒腌渍：**樱桃很适合加入白酒或白兰地中做成酒渍樱桃，若搭配甜点食用，能为甜点增添可口风味。直接食用也能补益身体，为身体提供能量与活力。

● **加盐一起吃：**食用樱桃时，建议加入些许盐一起食用，可增加口感。

补充元气 + 预防贫血

改善血液循环 + 美白养颜

樱桃香橙汁

营养分析档案

- 热 量：161.7千卡
- 糖 类：36.8克
- 蛋白质：2.1克
- 膳食纤维：6.1克
- 脂 肪：1.8克

材料

樱桃……100克
柳橙……1个
柠檬汁……2匙

做法

❶ 将樱桃清洗干净，去掉果核与果柄备用。

❷ 将柳橙去皮，去掉果皮里层的白色部分，去核切块。

❸ 将二者放入果汁机中，加入柠檬汁混匀，打成果汁即可。

吃出食疗力

樱桃中含有丰富的铁，能补充元气，并发挥补血功效，带给女性美丽好气色。柳橙与樱桃中都含有丰富维生素C，能滋润皮肤，有助于保持皮肤的亮白光泽。

粉红佳人樱桃露

营养分析档案

- 热 量：66.9千卡
- 糖 类：17.1克
- 蛋白质：0.4克
- 膳食纤维：0.6克
- 脂 肪：0.2克

材料

樱桃……40克

调味料

冰糖……2小匙

做法

❶ 将樱桃清洗干净，去果核与果柄，切片后放入锅中，加入适量清水煮。

❷ 大火煮滚后，改以小火煮，直到樱桃变软，加入冰糖再煮约5分钟，盛出，加薄荷点缀即可。

吃出食疗力

樱桃中的鞣花酸有助于美白皮肤，维生素C与维生素E能保持皮肤细致光滑，所含的铁还能促进血液循环，改善女性手脚容易冰冷的症状。

黄瓜 *Cucumber*

- **别名：** 胡瓜、花瓜
- **性质：** 性凉

黄瓜保健功效

- 促进消化
- 改善便秘
- 消除水肿
- 瘦身
- 美容养颜
- 调节血压
- 消除疲劳

○ 适用者

- 一般人
- 胆固醇过高者
- 肥胖者
- 皮肤粗糙者

✗ 不适用者

- 腹泻者
- 呕吐者

黄瓜的食疗效果

黄瓜含有丰富的B族维生素、维生素E与维生素C，因此具有养颜润肤、延缓皮肤老化的美容功效。

黄瓜也是减肥美容的圣品。黄瓜中富含膳食纤维，能促进身体新陈代谢，具有很强的润肠通便效果，有利于代谢废物及毒素的排出。

黄瓜中的钾具有利尿作用，能促进身体多余水分被排出，可预防和消除水肿，并有抑制糖类物质转化为脂肪的作用，是优质的减肥蔬菜。

黄瓜的营养价值

❶ **维生素C：** 黄瓜中丰富的维生素C能促进体内胶原蛋白的合成，使皮肤光滑有弹性。

❷ **维生素E：** 黄瓜籽中含维生素E，是保持皮肤细致的佳品。其能促进细胞分裂，增强新陈代谢水平；能延缓皮肤老化，也能防止皮肤病变。

❸ **维生素B_1、维生素B_2：** 黄瓜中的维生素B_1与维生素B_2能保持皮肤的光滑，并有助于润泽皮肤，抚平皱纹，美容养颜。

■ 选购达人

❶ **挑选：** 表面翠绿有光泽，富有弹性，且顶花带刺的为佳；瓜身粗壮略弯、表面凹凸不平的黄瓜品质较好。

❷ **清洗：** 烹调前使用一些盐来搓洗黄瓜。以盐用力揉搓黄瓜，有利于使黄瓜的色泽更为鲜艳明亮。

❸ **烹调：** 将黄瓜与其他蔬菜一起烹调时，加一些醋，可以增加菜肴的口感与质感。

黄瓜的营养成分表

主要营养成分	每100克中的含量
蛋白质	0.8克
膳食纤维	0.5克
烟酸	0.2毫克
维生素C	9毫克
维生素E	0.49毫克

■ 食用方法

❶ **减肥时不吃腌黄瓜：** 正在减肥时，要避免食用腌过的黄瓜。腌黄瓜的盐分含量很高，会引起肥胖。有肝病、心血管疾病、胃肠病以及高血压的人，都要避免食用腌渍过的黄瓜，以免使病情加重。

❷ **宿醉者可喝黄瓜汁：** 为宿醉症状所苦的人，不妨饮用一杯新鲜的黄瓜汁，其所含大量的维生素C有助于清除让人感觉疲劳的乳酸，有利于缓解宿醉。

锁水保湿＋减肥瘦身

促进代谢＋活肤美肌

黄瓜薏苡仁饭

营养分析档案

- 热　量：286.9千卡
- 糖　类：53.0克
- 蛋白质：8.4克
- 膳食纤维：1.8克
- 脂　肪：4.5克

材料

黄瓜……50克
薏苡仁……20克
大米……50克
黑芝麻……1小匙

做法

1. 将薏苡仁与大米清洗干净，放入锅中加入清水。
2. 将黄瓜洗干净，切成小丁备用。
3. 以普通蒸饭方式，将薏苡仁与大米蒸熟成米饭。
4. 将黄瓜丁与黑芝麻撒在米饭上拌匀即可。

吃出食疗力

　　黄瓜中丰富的维生素能保持皮肤细致光滑；薏苡仁有利于滋润皮肤。黄瓜与薏苡仁、大米蒸煮成的饭，能促进体内多余脂肪的代谢，还能去除身体多余的水分，有利于保持苗条体态。

鲜果色拉

营养分析档案

- 热　量：267.4千卡
- 糖　类：51.1克
- 蛋白质：4.8克
- 膳食纤维：5.1克
- 脂　肪：5.7克

材料

苹果……1个半
黄瓜……50克
土豆……150克

调味料

醋……2大匙
橄榄油……1小匙
白糖……1小匙
盐……1小匙

做法

1. 将苹果洗干净，一个去皮切块，放入盐水中浸泡备用。
2. 另外半个苹果去皮后，磨成泥备用。
3. 将黄瓜洗净，切块，加少许盐腌片刻。
4. 将土豆洗净煮软，去皮切丁。
5. 将苹果泥加入调味料，混合成酱汁。
6. 将黄瓜块与土豆丁、苹果块放在一个大碗中，淋上苹果酱汁即可。

吃出食疗力

　　此道色拉含有丰富的维生素，能使皮肤光亮润泽。苹果与黄瓜含有大量膳食纤维，能代谢毒素，有利于促进肠道新陈代谢，使皮肤白净美丽。

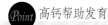
Point 高钙帮助发育

油菜 *Cole*

● 别名: 青菜、芸薹

● 性质: 性凉

油菜保健功效
- 促进消化 ● 帮助发育
- 改善便秘 ● 促进新陈代谢
- 强健骨骼 ● 预防心血管疾病
- 消除疲劳 ● 增强免疫力

○ 适用者
- 一般人　　　　● 高血压患者
- 高脂血症患者　● 产妇
- 便秘者

✗ 不适用者
- 胃肠虚寒者

油菜的食疗效果

油菜中丰富的叶绿素能清洁血液，有助于预防心血管疾病；所含的矿物质能使血液保持弱碱性，并有稳定情绪的疗效。

所含的维生素C能增强人体的抵抗力，膳食纤维能保持肠道顺畅，促进新陈代谢。

油菜富含胡萝卜素与维生素E，是抗癌的优良蔬菜。因此多吃油菜有助于防止癌细胞侵袭。多吃油菜还可以获得促进人体发育的营养素。

油菜的营养价值

❶ 钙：油菜中含有丰富的钙，多摄取有助于强健骨骼。多吃含钙丰富的油菜，还有助于保护心血管，防止心血管疾病的发生。

❷ 镁：油菜含有丰富的镁，可以帮助降低血管的压力。镁还能促进钙被人体充分吸收，能有效促进骨骼的生长发育。

❸ 维生素C：油菜中含丰富的维生素C，能有效消除疲劳，放松紧张的情绪，使精神平静舒畅。

■ 选购达人

❶ **挑选**：挑选油菜时，应选择叶片新鲜，质地脆嫩，叶片没有萎缩现象，茎部没有腐烂碰伤的。

❷ **清洗**：清洗油菜时，应该先去除外叶，再拆成单片叶片分别冲洗，接着将叶片放入清水中浸泡20分钟，然后再以流水仔细冲洗干净。

❸ **烹调**：烹调时加入少许醋，有助于保持油菜的鲜绿色泽。

油菜的营养成分表

主要营养成分	每100克中的含量
热量	12千卡
膳食纤维	0.7克
维生素C	7毫克
镁	27毫克
钙	153毫克

■ 食用方法

❶ **体寒者避免生吃**：油菜能帮助人体清除内热，因此体质比较虚寒的人要避免生食油菜。在冬天时也要避免生食油菜，以免身体受寒。

❷ **先氽烫再食用**：油菜的钾含量较高，如果血钾较高的人想吃油菜，可以先氽烫后再食用，能减少钾的摄取。

强健骨骼 + 活化大脑细胞

帮助发育 + 定心宁神

香菇烩油菜
1人份

营养分析档案

- 热　量：77.7千卡
- 糖　类：5.1克
- 蛋白质：3.3克
- 膳食纤维：3.2克
- 脂　肪：5.7克

材料

香菇……4朵
油菜……150克
葱花……适量

调味料

盐……1小匙
食用油……1小匙

做法

1. 将香菇洗干净，放入水中泡软后切块，泡香菇的汁留下备用。
2. 将油菜洗干净，切段。
3. 锅中放油烧热，放入油菜段拌炒至软，加入盐调味继续拌炒。
4. 加入香菇汁与香菇块一起烧煮，煮滚后撒上葱花即可。

吃出食疗力

　　此菜肴有丰富的蛋白质，对于成长中的儿童与青少年具有补脑功效。油菜又含有丰富的钙与铁，并含大量维生素，能有效强健骨骼。

油菜蛋花汤
1人份

营养分析档案

- 热　量：148.7千卡
- 糖　类：6.6克
- 蛋白质：7.9克
- 膳食纤维：1.6克
- 脂　肪：10.4克

材料

油菜……120克
鸡蛋……1个
淀粉……1小匙

调味料

盐……1小匙
胡椒粉……少许
香油……1小匙

做法

1. 将油菜洗干净，切段；鸡蛋打成蛋汁；将淀粉加入1大匙水混合搅拌。
2. 锅中放入2杯清水，以大火煮滚，加入盐、胡椒粉。
3. 煮滚后加入油菜段，待水快要煮滚时，一边加入淀粉水，一边快速搅拌。
4. 煮滚后，将蛋汁倒入锅中，用筷子在锅中快速打散，等到蛋汁凝固时，加入香油即可。

吃出食疗力

　　油菜与鸡蛋中含有大量蛋白质，能提供人体成长发育所必需的蛋白质。油菜中的钙能使人情绪平和稳定，是安神效果极好的蔬菜。

豆腐 *Tofu*

- **别名**：来其、小宰羊
- **性质**：性寒

豆腐保健功效
- 促进消化
- 改善便秘
- 清热解毒
- 改善胃溃疡
- 保护牙齿
- 调节血压
- 美容养颜
- 预防骨质疏松

○ 适用者
- 一般人
- 高血压患者
- 高脂血症患者
- 糖尿病患者
- 癌症患者
- 更年期女性

✗ 不适用者
- 胃肠虚寒者

豆腐的食疗效果

　　豆腐是由黄豆研磨成豆浆后制成的豆制品，黄豆可说是"豆中之王"，能提供人体所需营养。黄豆含有大量钙，能预防骨质疏松，还具有强健骨骼与保护牙齿的功效。

　　豆腐具有清热解毒功效，在夏令时节食用，能发挥消暑镇静功效。

　　豆腐中的植物性雌激素含量相当高，更年期女性不妨多食用豆腐，可帮助缓解更年期不适症状。

豆腐的营养价值

❶ **大豆卵磷脂**：豆腐中含有丰富的大豆卵磷脂，具有补脑与活化大脑的功效，还有助于减少血液中的脂肪，能有效预防高脂血症。

❷ **植物雌激素**：豆腐中含有丰富的植物性雌激素，能有效预防骨质疏松，帮助缓解更年期综合征。

❸ **钙**：豆腐含有丰富的钙，钙能有效维持神经系统的正常功能，具有安定情绪的效果。钙也具有放松神经的作用，可帮助消除焦虑的情绪。

■ 选购达人

❶ **挑选**：购买盒装豆腐时，应该选择表面平整、无气泡，且没有出水现象的。豆腐与盒子之间没有空隙，在手中摇晃时，没有晃动感的为佳。

❷ **清洗**：豆腐是容易破碎的食物，不适合放在水中直接冲洗。建议将豆腐放在手中，先使用很小的水流略冲洗一遍，接着将豆腐放入水中浸泡10分钟，如此能将豆腐中的苦涩味道泡出。

豆腐的营养成分表

主要营养成分	每100克中的含量
热量	84千卡
维生素B₁	0.06毫克
磷	82毫克
钾	118毫克
钙	78毫克

■ 食用方法

❶ **与蛋类一起烹调**：若将豆腐与鸡蛋一起烹调，能提高豆腐中氨基酸的利用率，使豆腐的蛋白质能更好被人体吸收。

❷ **少用油炸方式烹调**：以油炸的方式烹调豆腐，比较容易破坏豆腐的营养，而且会吸附比较多的油脂，因此应少用油炸方式烹调豆腐。

抗氧化 + 预防骨质疏松

清洁血液 + 消除疲劳

香菇豆腐汤 （1人份）

营养分析档案

- 热　量：356.0千卡
- 糖　类：43.2克
- 蛋白质：20.3克
- 膳食纤维：2.5克
- 脂　肪：11.9克

材料
香菇……4朵
豆腐……2块
胡萝卜片……少许
苦苣……少许

调味料
盐……1小匙
高汤……3碗
食用油……1小匙

做法
1. 将香菇洗干净，放入水中泡软后，切成大块。
2. 将豆腐洗净，切成小方块；苦苣洗净，切段。
3. 锅中放油烧热，放入香菇块拌炒。
4. 加入高汤、胡萝卜片与豆腐块煮约5分钟，加入盐调味，放入苦苣点缀即可。

吃出食疗力
　　此汤品营养丰富，热量较低，能补充钙与蛋白质，也能预防骨质疏松。豆腐含有大量维生素E，具有抗氧化的作用，不仅能补脑，还能强化大脑的功能。

豆腐豆苗汤 （1人份）

营养分析档案

- 热　量：271.7千卡
- 糖　类：13.2克
- 蛋白质：17.7克
- 膳食纤维：1.9克
- 脂　肪：16.9克

材料
豆腐……2块
小豆苗……30克
姜丝……5克

调味料
香油……1小匙
盐……1小匙
酱油……1小匙
橄榄油……1小匙
水……4杯

做法
1. 将豆腐洗净、切小块；小豆苗清洗干净；红椒洗净切圈。
2. 将锅中放入橄榄油烧热，加入姜丝爆香。
3. 加入红椒豆苗一起拌炒，加入水略煮。
4. 加入豆腐块，加入香油外的调味料，煮约5分钟。
5. 放入香油调味即可。

吃出食疗力
　　豆腐中丰富的钙能清洁血液，使血液保持弱碱性；也能缓解疲劳，有助于镇静神经，也能强健骨骼，使皮肤保持光洁润泽。豆腐中含有B族维生素，能增强神经系统的功能。

Point 不饱和脂肪酸润肤抗老

杏仁 *Almond*

● **别名：** 杏子

● **性质：** 性微温

杏仁保健功效

● 促进消化　　● 改善便秘
● 调整胃肠　　● 强健骨骼
● 帮助发育　　● 调节血压
● 排毒　　　　● 预防心脏病

○ 适用者

● 一般人　　　● 高血压患者
● 心脏病患者

✗ 不适用者

● 减肥者

 ## 杏仁的食疗效果

　　杏仁中含有大量的钙，有利于强健骨骼。杏仁中丰富的蛋白质对强健大脑与促进发育有一定的作用。对于成长中的儿童与青少年来说，杏仁是温和有益的食物。

　　杏仁富含维生素E，能降低血中胆固醇，进而降低心脏病的发病率。

　　杏仁中还含有丰富的矿物质，如钾、镁，能够使血液保持弱碱性，并有利于排毒，促进人体的新陈代谢。

杏仁的营养价值

❶ **不饱和脂肪酸：** 杏仁中含有丰富的不饱和脂肪酸。这些必需的脂肪酸不仅能够强身健体，还能够使皮肤润泽有水分，保持光滑不起皱纹。

❷ **锌、锰：** 杏仁中的锌、锰这两种矿物质有助于脑力开发，增强大脑思维能力。

❸ **钙：** 杏仁中含有丰富的钙。钙具有稳定神经的作用，还可维持肌肉的弹性，并可维持毛细血管的渗透压，保持体内酸碱平衡。

■ 选购达人

❶ **挑选：** 挑选杏仁时，不妨用指甲按压杏仁表面，触感坚硬者为佳。如果发现指甲能轻易按压入杏仁里面，代表杏仁已经受潮，不新鲜了。

❷ **烹调：** 杏仁可作为零食食用，也适合磨碎或磨成杏仁粉入菜。烤过或未烤过的杏仁，都适合加入菜肴一起烹调。将买回来的杏仁放入果汁机中，打成粉末即可入菜烹调使用。

杏仁的营养成分表

主要营养成分	每100克中的含量
热量	578千卡
膳食纤维	8克
维生素C	26毫克
镁	178毫克
钙	97毫克

■ 食用方法

❶ **磨成粉加入牛奶：** 将杏仁磨成粉，加入牛奶中加热饮用，能使人体吸收更丰富的钙与蛋白质。杏仁粉也可以加入粥中一起熬煮，能更容易被人体消化吸收。

❷ **烤热后加入色拉：** 将杏仁烘烤后，直接撒在生菜色拉上搭配蔬菜食用，能提高蔬菜与杏仁中膳食纤维的摄取量，更好地发挥促进人体代谢与消化的功效。

缓解情绪 + 稳定神经

美肌护肤 + 改善失眠

养生杏仁茶

营养分析档案

- 热　量: 142.9千卡
- 糖　类: 26.0克
- 蛋白质: 7.4克
- 膳食纤维: 0.1克
- 脂　肪: 1.1克

材料
杏仁粉……10克
牛奶……200毫升

调味料
冰糖……1小匙

做法
1. 将杏仁粉加入牛奶中搅拌，然后放入锅中以小火煮开。
2. 加入适量冰糖调味即可。

吃出食疗力

　　杏仁具有稳定神经的作用，有安神的功效。牛奶与杏仁都含有丰富的钙，对骨骼发育有相当的补益作用。容易紧张与烦躁的人，可以通过饮用此饮品来平复情绪。

牛奶杏仁粥

营养分析档案

- 热　量: 212.3千卡
- 糖　类: 43.8克
- 蛋白质: 5.9克
- 膳食纤维: 0.3克
- 脂　肪: 1.4克

材料
牛奶……100毫升
杏仁粉……20克
糯米……60克

调味料
白糖……1小匙

做法
1. 将糯米洗干净，放入锅中，加入适量清水煮成糯米粥。
2. 粥煮滚后，加入牛奶与杏仁粉调匀，再稍煮片刻，加入白糖混合拌匀即可。

吃出食疗力

　　杏仁中含有大量的钙，能改善睡眠，缓解因压力引发的紧张型失眠症状。杏仁中含有丰富的脂肪酸与维生素，能美白与滋润脸部皮肤，是美容的食疗圣品。

Point 高纤整肠，人体清道夫

卷心菜 *Cabbage*

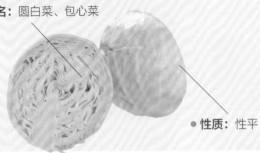

● **别名：** 圆白菜、包心菜

● **性质：** 性平

卷心菜保健功效
- 促进消化
- 改善便秘
- 防癌抗癌
- 预防动脉硬化
- 帮助发育
- 清除废物
- 美容养颜

○ 适用者
- 一般人
- 胃溃疡患者
- 十二指肠溃疡患者

✗ 不适用者
- 脾胃虚寒者
- 甲状腺功能失调者

卷心菜的食疗效果

卷心菜中丰富的维生素C有抗癌与消除疲劳的功效，也可促进胃肠消化。

卷心菜富含膳食纤维，其中的果胶能防止胆固醇在血管中堆积，也能吸附肠道中的废物，是预防动脉硬化与大肠癌的优良食材。

卷心菜含丰富的维生素与蛋白质，具有很强的滋补功效，对促进人体发育与新陈代谢的效果显著，是适合成长中的儿童与青少年食用的优质蔬菜。

卷心菜的营养价值

❶ **叶黄素：** 叶黄素又叫"植物黄体素"，有抗氧化的功效，可以保护眼睛的毛细血管，使眼部血液循环正常。

❷ **游离氨基酸：** 卷心菜中含有丰富的游离氨基酸，能滋补身体、强健体魄，对成长中的儿童与青少年具有促进发育的疗效。

❸ **维生素B_6：** 维生素B_6主要参与色氨酸、糖类以及雌激素的代谢。维生素B_6还能稳定情绪，使人心神安定、心情愉悦。

■ 选购达人

❶ **挑选：** 应挑选整个呈球状，叶片紧密包覆且形状饱满、色泽鲜亮的卷心菜，避免选择松软枯黄者。

❷ **清洗：** 清洗卷心菜时，应该先去除外叶，再拆成单片叶片分别冲洗。冲洗一次过后再将所有叶片放入清水中浸泡10分钟，然后再逐片冲洗干净。

❸ **烹调：** 建议加少许油快速拌炒，或放入开水中快速汆烫即可盛出食用，能有效避免水溶性维生素流失。

卷心菜的营养成分表

主要营养成分	每100克中的含量
热量	24千卡
膳食纤维	1毫克
维生素C	40毫克
钙	49毫克
钾	124毫克

■ 食用方法

❶ **打成卷心菜汁：** 卷心菜汁可降低血压，并具有一定的抗癌作用。每日空腹饮用卷心菜汁2~3次，还能增强抵抗力。

❷ **做成生菜色拉：** 卷心菜中含有丰富的维生素C，作为色拉菜直接生食，有助于消除疲劳与解酒。生食卷心菜也能帮助胃肠消化，改善胃溃疡症状。

预防胃溃疡 + 帮助发育

降低胆固醇 + 保持活力

凉拌卷心菜丝

营养分析档案

- 热　量：88.6千卡
- 糖　类：8.6克
- 蛋白质：2.3克
- 膳食纤维：2.7克
- 脂　肪：5.5克

材料　　　　　　调味料
卷心菜……180克　盐……1小匙
姜末……适量　　香油……适量
蒜末……适量　　醋……1小匙

做法
1. 将卷心菜以滚水稍微汆烫，放入冷水中冷却。
2. 将卷心菜切成细丝，加少许盐拌匀，腌半小时。
3. 将卷心菜丝沥干水分，加入香油、醋、姜末与蒜末，充分搅拌均匀即可。

吃出食疗力
　　凉拌卷心菜能有效增强胃肠功能，促进消化，也有助于人体成长发育。卷心菜汁中的芥子油具有杀菌作用，能有效抑制细菌繁殖，有助于预防胃溃疡的发生。

什锦蔬菜汤

营养分析档案

- 热　量：174.0千卡
- 糖　类：36.6克
- 蛋白质：6.0克
- 膳食纤维：8.0克
- 脂　肪：1.7克

材料　　　　　　调味料
西红柿……2个　　盐……适量
卷心菜……1/4个
洋葱……1/2个

做法
1. 将西红柿洗干净，去蒂切成小块；卷心菜洗干净，切成片；洋葱洗净去皮，切成大块。
2. 锅中放入清水煮滚。
3. 放入洋葱块与卷心菜片，煮15分钟。
4. 加入西红柿块再煮10分钟，加盐调味即可。

吃出食疗力
　　此汤品含有丰富的维生素C，能促进新陈代谢，保持人体活力，还有消除疲劳、强健体魄的滋补功效。卷心菜中的纤维素能促进胆固醇在肝脏中合成胆汁，间接降低血中胆固醇，有效预防动脉硬化。

芦笋 *Asparagus*

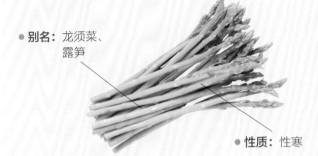

● **别名**：龙须菜、露笋

● **性质**：性寒

芦笋保健功效
● 促进代谢　● 强身健体
● 调整胃肠　● 健脑益智
● 帮助发育　● 增强免疫力
● 补充活力　● 消除疲劳

○ 适用者
● 一般人　● 高血压患者
● 孕妇　　● 心血管疾病患者

✗ 不适用者
● 泌尿系统结石患者

芦笋的食疗效果

　　美味的芦笋是可促进人体新陈代谢的蔬菜。芦笋中丰富的天门冬氨酸能增强人体的免疫力，还能帮助消除疲劳，促进组织细胞再生，对皮肤美容也很有帮助。

　　芦笋含有谷胱甘肽，能抑制体内细胞的癌变。

　　芦笋中丰富的B族维生素能促进新陈代谢与消化，使人体保持旺盛的精力。芦笋也能促进肝脏排毒与代谢，是有益于肝脏保健的蔬菜。

芦笋的营养价值

❶ **天门冬氨酸**：天门冬氨酸能消除疲劳，促进人体新陈代谢，同时还有强健体魄与帮助发育的作用。

❷ **蛋白质**：芦笋中的蛋白质能给人体带来活力，具有滋补大脑与补充体力的双重功效。

❸ **维生素C**：芦笋中丰富的维生素C具有清除老化细胞，促进新陈代谢的作用。维生素C还有促进人体代谢疲劳物质——乳酸的功效。

■ 选购达人

❶ **挑选**：挑选芦笋时，应选择笋尖没有腐烂，茎皮呈鲜亮绿色，顶端的穗花紧密，笋身较粗大鲜嫩者。

❷ **清洗**：清洗芦笋时，应该用流水冲洗，以去除可能残留的农药。

❸ **烹调**：由于芦笋中含有大量水溶性维生素，若以水汆烫芦笋，其中的重要营养素容易流失。建议以油拌炒，或以烤箱烘烤等方式烹调，能较完整地保留芦笋的营养。

芦笋的营养成分表

主要营养成分	每100克中的含量
热量	19千卡
膳食纤维	1.8毫克
维生素A	2微克
维生素B$_2$	0.08毫克
维生素C	7毫克

■ 食用方法

❶ **加油拌炒**：芦笋中含有较多的胡萝卜素。胡萝卜素是脂溶性营养素，烹调时加入一些食用油来拌炒芦笋，能促进人体对胡萝卜素的吸收。

❷ **水滚后再放芦笋**：芦笋在水中浸泡的时间不宜过久，以避免水溶性维生素流失。若要使用水煮的方式烹调芦笋，建议等水滚后再放入芦笋。

补充体力 + 保护血管

抗自由基 + 增强免疫力

奶香芦笋汤

营养分析档案

- 热　量：115.8千卡
- 糖　类：18.7克
- 蛋白质：8.6克
- 膳食纤维：1.1克
- 脂　肪：0.8克

材料
芦笋……6根
牛奶……1杯

调味料
盐……适量

做法

1 将芦笋洗干净，切成小段。
2 将芦笋段放入果汁机中打成泥。
3 锅中放入适量清水煮滚，加入牛奶再次煮滚。
4 将芦笋泥放入牛奶汤中，充分搅拌之后略煮。
5 加盐调味即可。

吃出食疗力

　　芦笋中的天门冬氨酸能消除疲劳，具有补充体力、促进血液循环的功效。芦笋还能保护心血管，有助于预防动脉硬化。芦笋中的芦丁能帮助维生素C发挥功效，进而提高其保护血管的能力，有助于预防心血管疾病。

辣炒芦笋

营养分析档案

- 热　量：100.8千卡
- 糖　类：3.0克
- 蛋白质：0.2克
- 膳食纤维：0.9克
- 脂　肪：10.0克

材料
芦笋……5根
大蒜……2瓣
辣椒……1个

调味料
芝麻油……2匙
盐……适量

做法

1 将芦笋洗干净，切成小段。
2 将大蒜拍碎，辣椒切碎末。
3 锅中放入芝麻油烧热，放入蒜末及辣椒末爆香。
4 将芦笋段放入锅中充分拌炒。
5 加入盐调味即可。

吃出食疗力

　　此菜肴能给人体提供充分的营养和能量，使人体保持活力，同时促进新陈代谢。芦笋还能增强人体免疫力，防癌抗癌。芦笋中的胡萝卜素具有很强的抗氧化能力，能保护人体免受自由基的侵害。

Point 高钙营养，健康满分

牛奶 *Milk*

- **别名：** 牛乳、鲜奶

- **性质：** 性平

牛奶保健功效
- 促进消化
- 补充营养
- 强健骨骼
- 增强免疫力
- 安定情绪
- 改善失眠

○ 适用者
- 一般人
- 发育中的儿童和青少年

✗ 不适用者
- 对牛奶过敏者
- 胃肠不适者

牛奶的食疗效果

　　牛奶中富含蛋白质和钙、B族维生素，成长中的儿童可适量饮用牛奶来补钙。尤其是吃素食的青少年，可食用的富含蛋白质和钙的食物较少，更应该多喝牛奶。

　　牛奶中丰富的乳蛋白，能促进钙充分被人体吸收，也能强化人体的免疫力，并促进发育。

　　睡前喝一杯热牛奶，有安定情绪的作用，有助于安眠，也能安抚烦躁的心情。

牛奶的营养价值

❶ 钙： 牛奶中含有丰富的矿物质，其中以钙最多。钙能促进骨骼发育，并能保护牙齿健康，钙还有稳定情绪的功效，并有助于维持神经与肌肉功能的正常。

❷ 维生素B₂： 牛奶中的维生素B₂是重要的营养素。维生素B₂能促进葡萄糖转化成热量，有效促进糖类分解，为人体提供能量，是维持细胞正常运作的必要营养素。

■ 选购达人

❶ 挑选： 挑选牛奶时，要留意牛奶的包装是否清洁，密封是否完好，同时要注意包装上应明确标示生产保鲜日期。若牛奶出现质地黏稠、凝结或有结块沉淀现象，说明牛奶已经变质，不宜选购。

❷ 烹调： 牛奶即使经过加温，里面的营养素也不会流失。胃肠虚寒的人，不妨将牛奶加热后饮用。

牛奶的营养成分表

主要营养成分	每100克中的含量
热量	60千卡
维生素A	41微克
维生素B₂	0.14毫克
维生素B₁₂	0.13毫克
钙	111毫克

■ 食用方法

❶ 直接饮用： 牛奶是钙与优质蛋白的重要食物来源。想要摄取充足的蛋白质和钙，最基本的方式是每天喝200毫升的鲜牛奶。

❷ 入菜烹调： 牛奶也是很优质的调味料，可以加入蔬菜中一起烹调成蔬菜牛奶浓汤。在蔬菜中加入牛奶一起炖煮，能提升蔬菜的香甜口感，并使营养更容易被人体吸收。

养血补气＋改善体质

牛奶炖银耳花生

营养分析档案

- 热　量：272.7千卡
- 糖　　类：36.4克
- 蛋白质：15.9克
- 膳食纤维：5.4克
- 脂　肪：8.0克

材料
花生……20克
枸杞子……10克
银耳……40克
牛奶……1杯

调味料
冰糖……5克

做法
1 将除牛奶以外的所有材料清洗干净。
2 锅中放入所有材料与清水一起煮。
3 煮到花生软熟后，加入冰糖略煮即可。

吃出食疗力
　　此炖品具有很好的补气作用，能帮助人体成长发育，同时也能养血，体质虚弱与抵抗力较弱者食用，有改善体质的功效。乳糖不耐受的人可以选择不含乳糖的牛奶。

滋补强身＋帮助代谢

奶香野菇蒸蛋

营养分析档案

- 热　量：250.8千卡
- 糖　　类：16.8克
- 蛋白质：21.2克
- 膳食纤维：0.8克
- 脂　肪：10.7克

材料
鸡蛋……2个
牛奶……1杯
香菇……2朵

调味料
盐……1小匙
酱油……1大匙
香草粉……适量

做法
1 将鸡蛋打散，加入盐、酱油、牛奶拌匀。
2 将香菇切成薄片，放在碗中，倒入蛋汁拌匀。
3 将食材放入电饭锅中蒸熟，起锅前撒上香草粉即可。

吃出食疗力
　　此道菜肴含有丰富蛋白质，能帮助细胞正常运作，有助于人体发育，还能维持人体正常新陈代谢，并有增强体力的功效。

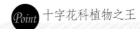 十字花科植物之王

西蓝花 *Cauliflower*

● **别名：** 花椰菜、青花菜

● **性质：** 性平

西蓝花保健功效

- 预防癌症
- 预防感冒
- 养颜美容
- 促进血液循环
- 保持活力
- 增强免疫力
- 调节血压

○ 适用者

- 一般人
- 糖尿病患者
- 癌症患者
- 心血管疾病患者

✗ 不适用者

- 肾功能不全者

西蓝花的食疗效果

　　西蓝花属于十字花科，被喻为"十字花科植物之王"，这是由于西蓝花中含有多种抗癌成分，如胡萝卜素、谷胱甘肽以及萝卜硫素等，这些物质能抑制癌细胞增殖，同时也能抑制致癌物质的毒性。

　　西蓝花含有比柠檬更多的维生素C，能增强人体免疫力，也能预防感冒。

　　西蓝花中的铁是预防贫血的重要物质，有助于人体保持活力，养颜美容。

西蓝花的营养价值

❶ **萝卜硫素：** 西蓝花中含有萝卜硫素，能抑制致癌物质的活性，抑制初期癌细胞的增殖，因此被认为是保护人体健康、预防癌症的优质蔬菜。

❷ **维生素C：** 西蓝花是维生素C的食物来源。维生素C是促进人体胶原蛋白合成的重要物质，当胶原蛋白的合成减少时，人体抵抗病毒的能力也会跟着减弱，这样就容易感染病毒，因此多吃西蓝花能帮助人体抵御病毒入侵。

■ 选购达人

❶ **挑选：** 应选择花茎呈淡青色，具鲜脆特质，花蕾较小且较细致均匀者。

❷ **清洗：** 先用清水浸泡，至少要浸泡半小时，然后以清水反复冲洗，如此可以将大部分的残留农药清除。

❸ **烹调：** 西蓝花中的维生素C极易在水煮的过程中流失，若要防止维生素C流失，不妨用微波炉加热西蓝花。

西蓝花的营养成分表

主要营养成分	每100克中的含量
热量	27千卡
蛋白质	3.5克
维生素A	13微克
维生素C	56毫克
烟酸	0.73毫克

■ 食用方法

❶ **病愈者可多吃西蓝花：** 大病初愈的人不妨多食用西蓝花，这样做能补充人体必需的多种营养素，帮助身体尽快恢复。

❷ **加牛奶煮营养加倍：** 体质比较虚寒的人，可以将西蓝花放在水中氽烫后加色拉酱调味食用；也可以将西蓝花与牛奶一起炖成蔬菜汤食用，能帮助人体摄取到更丰富的营养。

预防感冒＋抗老防衰

清炒西蓝花

1
人份

营养分析档案

- 热　量：67.2千卡
- 糖　类：4.0克
- 蛋白质：2.0克
- 膳食纤维：2.2克
- 脂　肪：5.1克

材料

西蓝花……100克
大蒜……1瓣
红椒……1个

调味料

食用油……1大匙
盐……1小匙

做法

1. 将西蓝花、红椒分别洗干净，切成小块；大蒜去皮，洗净，切片。
2. 锅中放油烧热，放入西蓝花、红椒块与蒜片一起拌炒。
3. 加入适量盐调匀即可。

吃出食疗力

西蓝花中丰富的维生素C能增强人体免疫力，有效预防感冒。西蓝花也有抗氧化作用，可有效防止人体细胞老化。西蓝花被誉为"十字花科植物之王"，具有极佳的防癌效果。

增强免疫力＋帮助消化

油醋拌罗勒西蓝花

1
人份

营养分析档案

- 热　量：154.6千卡
- 糖　类：4.0克
- 蛋白质：2.0克
- 膳食纤维：2.2克
- 脂　肪：15.1克

材料

罗勒叶……4片
西蓝花……90克

调味料

盐……1小匙
醋……2小匙
橄榄油……3大匙

做法

1. 将西蓝花洗净，切成小块，放入开水中汆烫后取出，撒上盐放凉备用。
2. 将罗勒叶洗净，切碎。
3. 碗中放入橄榄油，加入盐与醋混匀，加入西蓝花与罗勒叶充分搅拌即可食用。

吃出食疗力

此道凉拌菜，能有效增强人体免疫力。罗勒叶具有杀菌与解热的作用，还有健胃与帮助消化的功效；西蓝花中丰富的维生素C能促进消化，促进代谢，能提高人体的抗病能力。

大蒜 *Garlic*

- **别名：**蒜头

- **性质：**性温

大蒜保健功效

- 杀菌
- 防癌抗癌
- 排毒
- 清除胆固醇
- 增强免疫力
- 预防动脉硬化

○ 适用者

- 一般人
- 癌症患者
- 心血管疾病患者

✗ 不适用者

- 胃肠疾病患者

大蒜的食疗效果

　　大蒜的大蒜素有杀菌功效，并具有提高免疫力与防癌的作用。多吃大蒜，可以增强人体免疫力，保持身体健康，不易生病。

　　大蒜优秀的杀菌功效能帮助解毒，杀灭生鲜食物上的细菌，预防食物中毒。

　　大蒜中的蒜氨酸有助于清除体内使人感到疲劳的物质，并净化血液，清除血液中的脂肪，并有效降低胆固醇。

大蒜的营养价值

❶ **含硫化合物：**大蒜中含有多种脂溶性的含硫化合物，使得大蒜具有强力的杀菌作用。

❷ **芳香成分：**大蒜中含有较多的芳香成分，能促进人体新陈代谢，使身体血液循环顺畅，使身体强健有活力。

❸ **大蒜素：**大蒜中的大蒜素能帮助杀菌，与其他食物一起食用时，大蒜素还能加强维生素B₁的作用，进而增强体力、消除疲劳。

■选购达人

❶ **挑选：**宜挑选质地细嫩、色泽净白、没有腐烂现象且球形完整的大蒜。

❷ **清洗：**直接将大蒜外皮去除，清洗大蒜瓣，并将蒜头的蒂部切除，即可烹调食用。

❸ **烹调：**先用刀背拍打大蒜，或用研磨器将大蒜磨成泥，如此便能使大蒜中的有效物质更好地发挥作用。

大蒜的营养成分表

主要营养成分	每100克中的含量
热量	128千卡
蛋白质	4.5克
维生素A	3微克
维生素C	7毫克
烟酸	0.6毫克

■食用方法

❶ **加热食用：**若要将大蒜作为保健食品食用，建议加热食用为好。由于生食大蒜，味道过于刺激，过敏体质者最好避免生食。每天不妨食用一些加热过的大蒜片，分量以一次1~3片为宜。

❷ **每天吃半个大蒜：**每天食用半个大蒜，可以增强身体抵抗力，防止癌症的侵袭。

杀毒消菌 + 活化脑细胞

降低血压 + 温润五脏

蒜味土豆泥 （1人份）

营养分析档案

- 热　量：208.8千卡
- 糖　类：42.2克
- 蛋白质：7.3克
- 膳食纤维：3.8克
- 脂　肪：0.8克

材料
大蒜……1个
土豆……250克
牛奶……15毫升

调味料
胡椒粉……1/2匙
盐……1小匙

做法

1. 将大蒜去皮，洗净，切碎末；土豆洗净，放入锅中蒸熟备用。
2. 将土豆去皮，捣成泥。
3. 将牛奶加入土豆泥中，混合拌匀。
4. 加入蒜末充分混合，加入盐与胡椒粉调味即可。

吃出食疗力

　　此菜肴能增强人体的抵抗力，有利于防止各种危害人体的病毒入侵。大蒜与土豆泥一起食用，还能补充大脑的能量，有利于活化脑细胞，使大脑思维更敏捷。

排毒蒜香粥 （1人份）

营养分析档案

- 热　量：355.0千卡
- 糖　类：76.3克
- 蛋白质：8.2克
- 膳食纤维：0.5克
- 脂　肪：1.0克

材料
大蒜……2个
大米……100克
枸杞子……少许

调味料
盐……1小匙

做法

1. 将大蒜去皮清洗干净，切成薄片；枸杞子洗净。
2. 大米洗干净，锅中放水，放入大米以大火煮滚。
3. 放入蒜片混合均匀，煮滚后改小火熬煮成粥。
4. 加入盐、枸杞子拌匀即可。

吃出食疗力

　　大蒜煮粥能为身体建立强有力的抵御屏障，有助于抵抗病毒的侵袭，使身体更为强健有活力；还具有滋补功效，能温和补养内脏，使人血液循环顺畅，同时也能防治高血压。

橘子 *Tangerine*

● **别名**：柑橘、福橘

● **性质**：性温

橘子保健功效
- ● 止咳化痰
- ● 消炎
- ● 降低血压
- ● 预防感冒
- ● 消肿止痛
- ● 强健脾胃
- ● 增强免疫力
- ● 改善便秘

○ 适用者
- ● 一般人
- ● 冠心病患者
- ● 高血压患者

✘ 不适用者
- ● 泌尿系统结石患者

橘子的食疗效果

橘子含有丰富维生素C等多种维生素和柠檬酸，是消除疲劳、提高免疫力的最佳水果。

橘子具有优秀的止咳化痰作用，还能够消肿、止痛，同时还有健胃的功效。它是改善咽喉疾病的良好食材，对治疗维生素C缺乏病与胃肠消化疾病，也有很好的帮助。

橘子可以提高肝脏的解毒能力，缓解慢性肝炎引起的消化不良症状，也可治疗胆固醇过高引起的高血压。

橘子的营养价值

❶ **维生素A**：橘子中的维生素A具有保护皮肤细胞的作用，包括表层细胞完整性的维护，还可保护喉咙、鼻腔、肺部以及消化器官，防止细菌入侵。

❷ **维生素C**：橘子中含有丰富的维生素C，维生素C可预防感冒，因此多吃橘子有助于预防感冒。维生素C也能缓解支气管炎引起的不适，减少气喘的发作，还可保护心脏，避免罹患心脏病。

■ 选购达人

❶ **挑选**：果柄坚实，果皮新鲜有光泽，颜色深黄或橘黄者较佳。外形匀称，果体的底部较大，橘皮较为细致者，比较新鲜。

❷ **清洗**：将橘子浸泡在水中20分钟，并使用软布轻轻擦拭外皮，再以清水反复冲洗，有助于去除橘皮上的农药。

❸ **烹调**：橘子的果皮漂亮、外形饱满、味道芳香，烹调时常取其香气作为烘烤类食物的香味添加成分。

橘子的营养成分表

主要营养成分	每100克中的含量
蛋白质	0.7克
膳食纤维	0.4克
维生素E	0.92毫克
维生素C	28毫克
烟酸	0.4毫克

■ 食用方法

❶ **烤熟后榨汁**：橘子连皮烤熟，榨成果汁饮用，能温暖身体，改善感冒初期症状。

❷ **橘子连皮吃**：橘子皮具有杀菌与消炎的作用，建议将橘子连皮一起食用，能发挥其止咳化痰与强健胃肠的功效。

改善便秘＋预防感冒

止咳化痰＋防癌抗癌

元气橘子汁

①人份

营养分析档案

● 热　量：200.0千卡　● 糖　　类：49.2克
● 蛋白质：0.4克　　　● 膳食纤维：0克
● 脂　肪：0.4克

材料

橘子……400克

做法

1. 将橘子剥皮切块。
2. 将橘子块放入果汁机中，加水打成果汁即可。

吃出食疗力

　　橘子中丰富的维生素C能调整胃肠功能，有利于消化，并能增强肠道免疫力。维生素C也能预防流行性感冒。每天早晚各饮用元气橘子汁一次，可以有效增强人体免疫力。

橘香绿茶

①人份

营养分析档案

● 热　量：20千卡　　● 糖　　类：0克
● 蛋白质：0.1克　　　● 膳食纤维：0克
● 脂　肪：0

材料

橘子皮……2块
绿茶……3克

做法

1. 将橘子皮清洗干净，切碎。
2. 将橘子皮碎加入绿茶，以滚水冲泡约5分钟后即可。

吃出食疗力

　　橘子皮冲煮的茶饮能有效止咳化痰，清热解毒，也能改善咽喉肿痛症状。橘子皮中丰富的维生素有助于抗感冒与各种病毒。橘皮中的β-隐黄素为具有抗氧化作用的类胡萝卜素，有抗癌的作用。

绿茶 *Green Tea*

● 别名：苦茗

● 性质：性凉

绿茶的食疗效果

绿茶中含有咖啡因、维生素、氨基酸、矿物质等营养素。其中茶叶碱有利尿作用，还能帮助人体消除压力。

绿茶中的儿茶素是使绿茶呈现苦涩口感的成分。儿茶素具有抗氧化的作用，能防止人体衰老。儿茶素也能阻止外在环境的放射线对身体的侵害。

茶叶中还含有多种维生素，其中维生素C具有促进消化的功效，也可预防感冒。

绿茶的营养价值

❶ **儿茶素**：绿茶中的儿茶素具有抗氧化作用，能清除体内的自由基，有助于防衰抗老。多饮用绿茶，可以抗氧化，帮助身体保持年轻状态。儿茶素能防止血液与肝脏中的胆固醇堆积，可增强血管的弹性，有效预防动脉硬化。

❷ **维生素C、维生素E**：茶叶中的维生素C与维生素E具有很强的抗氧化活性，能帮助身体提高免疫力，减缓细胞的老化，从而延缓衰老，强健体魄。

■ 选购达人

❶ **挑选**：新鲜的绿茶呈墨绿或碧绿色。以茶叶的粗细与长短较均匀、香气浓郁者为佳。

❷ **清洗**：冲泡茶叶前先以热水冲洗过滤一次，能冲洗掉藏在茶叶中的灰尘。

❸ **烹调**：避免使用开水冲泡茶叶，高温容易破坏茶叶中的许多营养物质。最好使用80℃左右的水来冲泡茶叶，能完好地保留茶叶中的维生素与氨基酸成分。

绿茶的营养成分表

主要营养成分	每100克中的含量
热量	21千卡
膳食纤维	1.7克
维生素A	66.7微克
维生素C	31毫克
钾	55毫克

■ 食用方法

❶ **吃完饭后1小时再喝茶**：吃完饭不要马上喝茶，因茶叶中含有大量鞣酸，可使蛋白质变成不容易消化的凝固物。最好等到吃完饭1小时以后再喝绿茶较适宜。

❷ **消化性溃疡患者少喝绿茶**：喝太多绿茶容易促进胃酸分泌，损伤胃部，消化性溃疡患者应避免饮用；神经衰弱的人也要避免在睡觉前喝茶，以免茶叶中的咖啡因使神经兴奋，影响睡眠质量。

清洁血液＋杀菌解毒

美容养颜＋预防心血管疾病

清香茶叶粥 （1人份）

营养分析档案

- 热　量：196.8千卡
- 糖　类：43.1克
- 蛋白质：4.1克
- 膳食纤维：0.3克
- 脂　肪：0.5克

材料
绿茶……15克
大米……50克

调味料
白糖……1小匙

做法

❶ 将绿茶放入80℃开水中冲开，绿茶汁过滤备用。

❷ 锅中放入清水，放入大米熬煮成粥。

❸ 粥中放入绿茶汁以小火熬煮，煮滚后加入白糖调匀即可。

吃出食疗力

此粥品中含有丰富的儿茶素，能增强人体免疫力，有利于杀菌，也能净化血液。茶叶粥还能帮助消化，促进新陈代谢。

苹果绿茶 （1人份）

营养分析档案

- 热　量：94.3千卡
- 糖　类：25.1克
- 蛋白质：0.2克
- 膳食纤维：2.4克
- 脂　肪：0.2克

材料
苹果……1个
绿茶……5克

调味料
果糖……1小匙

做法

❶ 将苹果洗干净，去皮切块，放入果汁机中打成果汁。

❷ 使用滤网将苹果汁中的果泥滤掉，留下苹果汁。

❸ 将绿茶放入开水中冲开，将茶汁过滤并放凉。

❹ 将苹果汁与绿茶汁混匀，加入果糖调味，放入冰箱冰镇即可。

吃出食疗力

绿茶中的儿茶素能增强免疫力；苹果中的矿物质能保持血液清洁，预防心血管疾病。绿茶中丰富的维生素C与苹果的多种维生素共同作用，能美容养颜，使皮肤亮丽有光泽。

Point 对抗自由基的黄金食物

黄花菜 *Daylily*

● **别名**：萱草、忘忧草、
金针花

● **性质**：性平

黄花菜保健功效
● 镇静安神　● 提高记忆力
● 补充元气　● 改善神经衰弱
● 增强活力　● 对抗自由基

○ 适用者
● 一般人　　● 孕妇
● 体力消耗较大者

✕ 不适用者
● 皮肤瘙痒症患者

黄花菜的食疗效果

　　黄花菜的食用部位是花蕾，含有蛋白质、脂肪、钙、铁、维生素等营养物质，均为人体代谢所需的重要营养素。其中维生素A对提高记忆力与改善神经衰弱特别有帮助。

　　身体虚弱、易疲劳的人食用黄花菜，可以恢复活力与补充元气。黄花菜也是胡萝卜素的优质食物来源，有利于防止细胞氧化，清除自由基，是抗癌的好食物。

黄花菜的营养价值

❶ **维生素A**：维生素A为维持神经系统正常运作不可或缺的营养素。当缺乏维生素A时，会出现神经紧张与神经衰弱的症状。

❷ **维生素B₁**：维生素B₁能维持神经系统的稳定，还能提供热量，促进糖类分解，亦是维持脑细胞功能正常的重要营养素。

❸ **钙**：钙是稳定神经的重要营养素。缺钙的人容易出现暴躁与精神紧张的症状。

■ 选购达人

❶ **挑选**：宜选购质地细嫩且纤维较硬的黄花菜。黄花菜颜色过黄，或头部的颜色较深，说明不新鲜，不宜选购。

❷ **清洗**：若购买的是干燥黄花菜，应该先将其放入清水中浸泡，重复换3次清水，每次浸泡时间约10分钟。

❸ **烹调**：黄花菜无论是清炒还是煮汤都非常美味。由于食用的部位是花蕾，最好煮熟后食用，不要生食。

黄花菜的营养成分表

主要营养成分	每100克中的含量
蛋白质	19.4克
膳食纤维	7.7克
维生素E	4.9毫克
维生素B₁	0.05毫克
维生素C	10毫克

■ 食用方法

❶ **煮熟后才能食用**：黄花菜中含有秋水仙碱，生吃会引起恶心、腹泻等中毒反应，因此不能生食。烹调前一定要先用水浸泡2小时，然后煮熟才能食用。

❷ **加大蒜烹调**：将大蒜与黄花菜一起烹煮，大蒜中的蒜素能有效促进人体吸收黄花菜中的维生素B₁。

提高记忆力 + 改善睡眠

健脑益智 + 补血润肤

健脑黄花菜茶 （1人份）

营养分析档案

- 热　量：32.1千卡
- 糖　　类：7.5克
- 蛋白质：0.7克
- 膳食纤维：1.0克
- 脂　肪：0.2克

材料　　　　　　调味料
黄花菜……40克　冰糖……5克

做法
1. 将黄花菜放入温水中泡软，取出切碎。
2. 将黄花菜碎放入锅中，加入适量清水以小火炖煮。
3. 煮开后，将菜渣滤掉，加入冰糖再炖煮，煮10分钟后即可。

吃出食疗力

　　黄花菜含有丰富的维生素B_1与钙、镁，可增强记忆力，改善失眠症状，使人注意力更为集中。其中所含亚麻酸能保护血管的弹性，有助于降低血液的黏稠度，防止血管硬化。

黄花菜蛋花汤 （1人份）

营养分析档案

- 热　量：311.3千卡
- 糖　　类：33.7克
- 蛋白质：15.6克
- 膳食纤维：1.9克
- 脂　肪：10.2克

材料　　　　　　调味料
黄花菜……70克　盐……1小匙
鸡蛋……2个　　料酒……1大匙
葱花……1匙　　高汤……3杯
姜片……2片
胡萝卜片……少许

做法
1. 将黄花菜洗干净，去除硬蒂，浸泡2小时。
2. 将鸡蛋打散。
3. 锅中放高汤烧热，放入姜片煮成汤。
4. 加入黄花菜、胡萝卜片、盐、料酒搅匀。
5. 倒入蛋汁，充分搅拌。
6. 煮滚后，撒上葱花即可。

吃出食疗力

　　黄花菜含有丰富的矿物质和维生素B_1，能有效增强大脑细胞的活力，并有助于补血，提高注意力，还能够改善失眠症状。黄花菜中的卵磷脂可以有效增强大脑功能。

核桃 *Walnut*

- **别名:** 胡桃、羌桃
- **性质:** 性温

核桃的食疗效果

核桃是非常有营养的坚果类食物,对抗衰老、健脑具有很强的功效。

核桃中丰富的蛋白质与矿物质能有效维持大脑神经细胞的完整,可延缓大脑衰老,并有助于增强记忆力。

核桃也是美容佳品,其含有丰富的脂肪、蛋白质与矿物质,能畅通经络、使血液循环顺畅。多吃核桃能使皮肤细腻光滑,并有助于润泽皮肤,消除皱纹。

核桃的营养价值

❶ **亚麻酸:** 核桃中的亚麻酸具有补脑作用,能为大脑提供养分,还能有效抗氧化。

❷ **蛋白质:** 核桃中含有丰富的蛋白质,能维持皮肤活性,使皮肤细致润泽,有效维持皮肤的年轻状态。

❸ **铁:** 核桃中的铁含量丰富,多吃核桃能促进血红蛋白合成,可改善贫血,还可减轻疲劳。此外,其所含的锌与锰可提高脑力,使思维更敏捷。

■ 选购达人

❶ **挑选:** 宜选择外形完整,没有受到挤压变形的核桃;最好购买带有外壳的核桃,这种核桃较不易因加工而流失营养或变味。

❷ **清洗:** 处理过的市售核桃无须清洗,可直接食用。带壳核桃需先将外壳去除后,仔细浸泡,再反复以清水清洗核桃表面,以清除核桃表面的灰尘与污物。

❸ **烹调:** 烹调核桃前最好先清除表面的外皮,并将核桃外部的杂质清除,以免外皮的涩味影响菜肴的口感。

核桃的营养成分表

主要营养成分	每100克中的含量
脂肪	58.8克
蛋白质	14.9克
膳食纤维	9.5克
烟酸	0.9毫克
维生素E	43.2毫克

■ 食用方法

❶ **磨成粉末冲茶:** 可将核桃研磨成粉末冲泡成核桃茶,这种饮用方式适合年纪稍长的人或儿童;或将核桃粉加入粥中一起熬煮,也是很好的补脑食品。

❷ **与大蒜或葱一起食用:** 食用核桃时,建议与大蒜或葱一起食用。由于大蒜与葱中含有大蒜素,可促进人体充分吸收核桃中的B族维生素。

降低胆固醇 + 延缓衰老

提高记忆力 + 促进代谢

豌豆核桃糊

1人份

营养分析档案

- 热　量：213.9千卡
- 糖　类：36.3克
- 蛋白质：3.2克
- 膳食纤维：2.0克
- 脂　肪：7.3克

材料

核桃仁……10克
新鲜豌豆……50克
藕粉……2大匙

调味料

白糖……1小匙

做法

1. 将豌豆洗干净，放入开水中煮熟，捞出放凉后捣成豌豆泥。
2. 将核桃仁放入烤箱中烤成金黄色，取出研磨成细末。
3. 藕粉加入1匙清水调成糊。
4. 将锅中放入水烧开，加入豌豆泥与白糖，一边煮一边搅拌，煮滚后加入藕糊，最后撒上核桃末即可。

吃出食疗力

　　核桃中的多种矿物质与蛋白质具有修护大脑神经细胞的功能，能有效延缓大脑衰老，有助于增强大脑的活力与记忆力。核桃中丰富的不饱和脂肪酸，还有降低胆固醇的作用。

核桃莲子粥

1人份

营养分析档案

- 热　量：274.4千卡
- 糖　类：48.0克
- 蛋白质：6.8克
- 膳食纤维：2.1克
- 脂　肪：6.3克

材料

核桃……10克
黑芝麻……5克
莲子……10克
糯米……50克

调味料

冰糖……1匙

做法

1. 将所有材料洗干净，核桃去壳，一起放入锅中。
2. 加入适量清水熬煮成粥，等到煮滚时加入冰糖，再煮20分钟即可。

吃出食疗力

　　此粥品含有丰富的B族维生素和多种矿物质，有助于修护脑细胞，促进脑细胞新陈代谢，有利于增强记忆力，对记忆力不好的人有很好的补益作用。

鸡蛋 *Egg*

● **别名：** 鸡卵

● **性质：** 性平

鸡蛋保健功效

- ● 健脑补脑 ● 补充营养
- ● 保持活力 ● 改善记忆力
- ● 促进新陈代谢
- ● 增强人体免疫力

○ 适用者
- ● 儿童 ● 营养不良者

✗ 不适用者
- ● 高血压患者 ● 高脂血症患者

鸡蛋的食疗效果

由于鸡蛋中含有丰富的蛋白质，并含有大量卵磷脂以及多种维生素、矿物质，因此成为儿童与青少年成长发育不可或缺的营养补充食物。

鸡蛋中的蛋黄富含卵磷脂、甘油三酯与胆固醇，这些都是构成脑细胞的重要营养素。

此外，鸡蛋中也含有多种维生素和钙、磷、铁等，这些营养素能帮助人体细胞进行新陈代谢，并保持活力。

鸡蛋的营养价值

❶ **蛋白质**：蛋白质是脑细胞的主要营养物质。充足的蛋白质有补脑功效，可提高记忆力与思维能力。

❷ **烟酸、胆碱**：鸡蛋中含有丰富的烟酸与胆碱。胆碱是帮助大脑完成记忆功能所必需的营养物质，对维持大脑功能正常运作意义重大。

❸ **钙**：钙是保持大脑持续工作的重要营养物质。成长中的儿童若缺钙，容易导致身体发育障碍，出现反应迟钝与发育迟缓的现象。

■ 选购达人

❶ **挑选：** 以外壳粗糙且无裂痕与脏污，拿在手上感觉较重者为佳。

❷ **清洗：** 使用干净的布擦拭外壳后，即可入锅烹调。

❸ **烹调：** 避免高温烹调鸡蛋，如油炸或火烤鸡蛋，过高的温度会使鸡蛋中的蛋白质被破坏。建议使用水煮、清蒸或煮蛋花汤的方式烹调鸡蛋，这样能完整保留鸡蛋的营养。

鸡蛋的营养成分表

主要营养成分	每100克中的含量
蛋白质	19.4克
蛋白质	7.7克
维生素E	4.9毫克
维生素B$_2$	0.05毫克
维生素B$_{12}$	10毫克

■ 食用方法

❶ **不宜生食：** 生鸡蛋中含有的抗胰蛋白酶与抗生物素蛋白会阻碍人体对营养的消化与吸收。因此平常食用鸡蛋时，最好加热烹调，避免生食。

❷ **鸡蛋钝端朝上保存：** 蛋壳上有极小的气孔，且因为鸡蛋的气室在钝端，所以保存鸡蛋时，其钝端应该朝上，并放在蛋盒中冷藏保存。

健脑益智 + 帮助发育

强健骨骼 + 补充营养

翡翠蒸蛋

营养分析档案

- 热　量：322.1千卡
- 糖　类：20.3克
- 蛋白质：20.0克
- 膳食纤维：0.5克
- 脂　肪：15.0克

材料	调味料
菠菜……20克	高汤……2杯
鸡蛋……3个	盐……1小匙

做法

1. 将鸡蛋打成蛋汁，加入高汤中混合，倒入深口大碗中。
2. 将菠菜清洗干净，切成小段。
3. 将菠菜段放入蛋汁中混合，并加入盐混合。
4. 放入蒸锅中蒸熟即可。

吃出食疗力

菠菜与鸡蛋中都含有丰富的铁，能活化大脑。菠菜能补充维生素C与膳食纤维，与鸡蛋一起蒸成蒸蛋，能为人体的成长发育提供必要的营养素。

高钙奶酪蛋花汤

营养分析档案

- 热　量：269.1千卡
- 糖　类：19.9克
- 蛋白质：17.0克
- 膳食纤维：2.0克
- 脂　肪：13.4克

材料	调味料
奶酪丁……15克	高汤……1碗
鸡蛋……2个	盐……1小匙
芹菜末……15克	胡椒……1/2小匙
西红柿……1个	

做法

1. 将鸡蛋打成蛋汁，加入奶酪丁混合。
2. 将西红柿洗净，切成小块。
3. 将高汤倒入锅中煮滚，倒入芹菜末与西红柿块略煮，倒入奶酪蛋汁搅拌均匀，再次煮滚时，加入盐与胡椒调味即可。

吃出食疗力

鸡蛋蛋汁中混合香浓的奶酪，这是一道富含钙与蛋白质的营养汤品，能强健骨骼，很适合成长中的儿童、怀孕中的妇女食用。

Point 芦丁防治心血管疾病

茄子 *Eggplant*

- **别名：** 矮瓜、落苏

- **性质：** 性寒

茄子保健功效

- 清热活血　● 预防肥胖
- 保护血管　● 抑制肿瘤
- 消除瘀血　● 改善动脉硬化
- 改善便秘　● 防治高血压

○ 适用者

- 一般人　　● 心血管疾病患者
- 高血压患者　● 胆固醇过高者

✗ 不适用者

- 皮肤病患者

茄子的食疗效果

茄子中的水分含量高达94%，具有清热活血的功效，也具有良好的止痛与消肿作用。

茄子表皮上的芦丁能有效软化血管，并增强血管的弹性，同时能降低血液中的脂肪含量，是预防肥胖与高血压的良好蔬菜。

茄子也是很好的抗癌蔬菜。其含有大量的维生素C，外皮部位更含有抗癌的营养物质，因此具有良好的抗癌作用，能有效抑制肿瘤生成，对于增强身体的免疫力也有很大的帮助。

茄子的营养价值

❶ **芦丁：** 茄子中含有丰富的芦丁。芦丁具有防治高血压与心脏病的作用，还能改善动脉硬化症状。多吃茄子有助于消肿及消除瘀血，是防治高血压的优良食物。

❷ **维生素B$_1$：** 茄子中含有丰富的维生素B$_1$。维生素B$_1$是重要的补脑营养素，可以维持神经系统的稳定，并促进糖类的分解，为大脑提供能量，是维持脑细胞正常功能的必要营养物质。

■ 选购达人

❶ **挑选：** 选择茄子时，应挑选外形完整且无外伤，颜色呈紫红色，果肉有弹性，果柄部位没有裂开者。

❷ **清洗：** 清洗茄子时，应该使用软毛刷来刷洗，果柄周围的表皮部位应仔细刷洗。

❸ **烹调：** 茄子在烹调过程中，很容易出现变色的情况，若加入醋一起烹调，能有效防止茄子变黑。

茄子的营养成分表

主要营养成分	每100克中的含量
蛋白质	1克
膳食纤维	1.9克
维生素B$_1$	0.03毫克
维生素P	750毫克
维生素C	7毫克

■ 食用方法

❶ **煮熟后凉拌：** 接受过化疗的癌症患者若出现发热症状时，可以将茄子煮熟后凉拌食用，有退热功效。

❷ **连外皮食用：** 食用茄子时记得要连同外皮一起吃，因为茄子的外皮含有丰富的芦丁，有助于保护血管。

降血脂 ＋ 稳定情绪

活化脑细胞 ＋ 清肠排毒

罗勒茄子

营养分析档案

- 热　量：162.5千卡
- 糖　类：23.1克
- 蛋白质：5.5克
- 膳食纤维：9.5克
- 脂　肪：6.6克

材料

茄子……400克
罗勒叶……5克

调味料

酱油……2大匙
盐……1小匙
西红柿酱……1大匙
食用油……1小匙

做法

1. 将茄子洗干净，去蒂切块。
2. 锅中放油烧热，放入茄子块，略炸后取出沥干油分。
3. 热油锅中放入罗勒叶炒香，加入西红柿酱与盐、酱油拌炒成调味料。
4. 加入茄子块，与调味料拌匀略煮即可。

吃出食疗力

茄子中的钾能降低血液中的胆固醇，有利于增加血管弹性，并改善心肌收缩能力。此菜肴能清热活血，有助于降血脂，对防止肥胖也有帮助。

凉拌蒜香茄子

营养分析档案

- 热　量：74.2千卡
- 糖　类：5.6克
- 蛋白质：1.6克
- 膳食纤维：2.8克
- 脂　肪：5.5克

材料

茄子……120克
大蒜……3瓣

调味料

盐……1小匙
酱油……1大匙
食用油……1小匙

做法

1. 将茄子洗干净，切小段。
2. 将大蒜洗干净，去皮以刀背拍碎。
3. 锅中放入清水烧滚，放入茄子烫过取出沥干，盛盘备用。
4. 锅中放油烧热，加入蒜末，以大火爆香。
5. 放入盐、酱油，与大蒜拌炒。
6. 将炒好的大蒜酱汁淋在茄子上即可。

吃出食疗力

茄子中的胆碱能提高大脑活力，也有助于增强记忆力。茄子中的维生素能安定情绪，并有活化脑细胞的功效。茄子中的膳食纤维也能清除肠道中的毒素，有利于改善便秘。

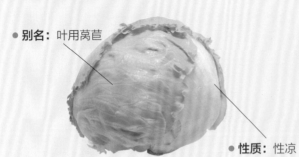

生菜 *Lettuce*

● **别名：** 叶用莴苣

● **性质：** 性凉

生菜保健功效

● 抗老化
● 助眠
● 稳定情绪
● 消除压力
● 预防贫血
● 促进代谢平衡
● 防治糖尿病
● 促进血液循环

○ 适用者

● 一般人
● 便秘者
● 高血压患者
● 痔疮患者

✗ 不适用者

● 脾虚者
● 体寒者

生菜的食疗效果

生菜的维生素E能抗老化，其所含的铁与叶绿素也有助于预防贫血，能促进人体的血液循环。

生菜中的莴苣素，被认为是良好的助眠营养素，能帮助人体稳定情绪，有利于减压放松。

多吃生菜有利于排出体内的毒素，也能促进代谢平衡。生菜中的烟酸能协助合成胰岛素，促进胰岛素正常分泌，防止糖尿病发生。

生菜的营养价值

❶ **莴苣素：** 生菜茎部中的白色汁液含有莴苣素。莴苣素能稳定情绪，并有助于缓解压力。

❷ **维生素C：** 生菜中含有丰富的维生素C。维生素C能抑制亚硝胺在胃肠里形成致癌物质，并有助于分解致癌物，因此能预防食管癌与胃癌。

❸ **钙：** 钙有助于稳定神经，使人情绪安稳。钙还能与生菜中的莴苣素一起发挥作用，消除压力，使人保持心情平静。

■ 选购达人

❶ **挑选：** 选购生菜时，以叶片肥厚完整、鲜嫩且饱满，少有病虫斑点，没有开花的为佳。

❷ **清洗：** 清洗生菜时，应该先去除外叶，再拆成单片叶片分别冲洗。

❸ **烹调：** 将生菜清烫或热炒后食用，能帮助人体摄取更丰富的膳食纤维。生菜加热烹调后，其所含的维生素E也不会因此而流失。此外，烹调生菜前，应该先清洗再切。

生菜的营养成分表

主要营养成分	每100克中的含量
热量	12千卡
钾	91毫克
钙	14毫克
镁	7毫克
维生素B$_1$	0.02毫克

■ 食用方法

❶ **加橄榄油生吃：** 生菜中含有脂溶性的维生素A，生吃生菜时不妨加入一些橄榄油，以促进人体对营养素的吸收。

❷ **凉拌生吃：** 生食生菜能完整摄取生菜中的丰富营养，如维生素C与B族维生素，建议采用制作生菜色拉的方式凉拌食用。

镇定安神 + 消除疲劳

减轻焦虑 + 缓解压力

清烫生菜

营养分析档案

- 热　量：76.1千卡
- 糖　类：1.5克
- 蛋白质：0.5克
- 膳食纤维：0.6克
- 脂　肪：5.2克

材料
生菜叶……8片

调味料
盐……1小匙
料酒……1大匙
酱油……2大匙
橄榄油……1小匙

做法
1. 将生菜叶洗干净，在冷水中浸泡片刻之后取出。
2. 将生菜叶切成片。
3. 锅中放清水煮滚，将生菜叶片放入略烫后取出沥干。
4. 碗中放入调味料充分混合拌匀。
5. 将烫过的生菜叶片放入碗中，与酱汁充分拌匀即可。

吃出食疗力
生菜含有丰富的维生素C，能消除疲劳，缓解身体的压力；生菜中的膳食纤维能健胃清肠，减少热量；其丰富的矿物质也能缓解身体压力，并有良好的安神功效。

蚝油拌生菜

营养分析档案

- 热　量：36.5千卡
- 糖　类：7.1克
- 蛋白质：1.7克
- 膳食纤维：1.0克
- 脂　肪：0.4克

材料
生菜叶……12片
大蒜……1瓣

调味料
酱油……2大匙
醋……1大匙
蚝油……3大匙

做法
1. 将生菜叶清洗干净，切成大块，放入滚水中烫过取出。
2. 将所有调味料搅拌均匀，淋在生菜上即可。

吃出食疗力
生菜烫过后的口感会变得比较鲜脆，淋上酱汁，就是一道简便美味的养生菜肴。生菜能提供丰富的矿物质与维生素，可缓解焦虑；钙能稳定神经系统，有助于消除压力。

洋葱 *Onion*

- **别名**：洋葱头、玉葱
- **性质**：性温

洋葱保健功效

- 杀菌
- 清除自由基
- 消除疲劳
- 预防动脉硬化
- 稳定情绪
- 防癌抗癌
- 健胃整肠
- 预防心血管疾病

○ 适用者

- 糖尿病患者
- 高血压患者
- 心血管疾病患者

✗ 不适用者

- 容易胀气者

洋葱的食疗效果

洋葱中的大蒜素具有良好的杀菌能力，还能预防动脉硬化，也有助于增强人体的免疫力。洋葱中维生素B$_1$能消除疲劳，钙能稳定神经，两者共同作用有利于缓解压力。

洋葱中的槲皮素具有保护神经细胞的功能，同时也能预防癌症。

洋葱中的含硫化合物具有杀菌作用，还具有促进胃肠蠕动、帮助消化的作用。

洋葱的营养价值

❶ **寡糖**：洋葱中的寡糖有助于增加肠道中的益生菌数量，使肠道保持健康，有效清除肠道毒素，帮助身体减压。

❷ **含硫氨基酸**：洋葱中的含硫氨基酸有降血脂的作用。还能促进细胞对糖的利用，有效发挥降低血糖的作用。

❸ **钙**：洋葱中的钙有助于稳定情绪，使人情绪安稳。更年期女性多吃洋葱，还能补钙。

■ 选购达人

❶ **挑选**：应该挑选表皮光滑完整、没有腐烂，球形完整，没有裂开、长芽或出现须根的现象，球茎的顶端没有内陷下凹者。

❷ **清洗**：清洗洋葱时，应该使用软毛刷来刷洗外皮，外皮清洗干净后，再将外皮剥除。

❸ **烹调**：烹调洋葱时，应该避免长时间加热，以免破坏洋葱里的营养素。

洋葱的营养成分表

主要营养成分	每100克中的含量
蛋白质	1.1克
膳食纤维	0.9克
维生素B$_1$	0.03毫克
维生素C	8毫克
烟酸	0.3毫克

■ 食用方法

❶ **体质燥热者不宜食用过多**：洋葱属于温和香辛的食物，体质燥热、多汗者应该尽量避免食用过多，以免引起燥热上火。

❷ **胃肠胀气者不宜食用过多**：胃火过盛、胃部虚热者，或经常胃肠胀气者，也应该避免食用过多的洋葱，以免引发胃肠胀气症状。

降低血压＋排毒瘦身

舒压安神＋增强免疫力

洋葱炒蛋

营养分析档案

- 热　量：227.3千卡
- 糖　　类：14.1克
- 蛋白质：7.1克
- 膳食纤维：1.6克
- 脂　肪：15.3克

材料

洋葱……100克
鸡蛋……1个

调味料

盐……1小匙
酱油……1大匙
白糖……1小匙
料酒……1小匙
醋……1大匙
橄榄油……2小匙

做法

① 将洋葱洗干净，去外皮，切成细丝。
② 锅中加橄榄油烧热，放入洋葱丝略炒。
③ 将鸡蛋打散，加入锅中炒散，再加入其余调味料。
④ 快速拌炒均匀即可。

吃出食疗力

　　洋葱炒蛋能给人体提供丰富的钙和维生素B$_1$，能有效维持神经系统的稳定。此菜肴还具有解毒疗效，有助于降低血压与胆固醇，对于抑制肥胖也有疗效。

焗烤洋葱蒜香饭

营养分析档案

- 热　量：328.7千卡
- 糖　　类：66.1克
- 蛋白质：5.2克
- 膳食纤维：1.7克
- 脂　肪：4.5克

材料

洋葱……50克
米饭……150克
奶油……5克
大蒜……3瓣
玉米粒……20克

调味料

盐……1小匙
胡椒……1/2小匙

做法

① 将洋葱洗净，去外皮，切成小丁；大蒜切碎。
② 锅中放入奶油，加入洋葱丁炒香，再加入米饭拌炒。
③ 将洋葱饭放入烤盘中，加入盐、胡椒、玉米粒与蒜末混匀，上面覆盖一张铝箔纸，放入已经预热180℃的烤箱中烤约20分钟。
④ 烤好后，在烤箱中再闷约20分钟即可。

吃出食疗力

　　洋葱中的钙具有稳定神经的功效，大蒜能发挥杀菌疗效，二者一起做成烤饭，有助于增强人体免疫力，并有舒压安神的功效。

燕麦 Oat

- 别名：野麦
- 性质：性平

- 降低胆固醇
- 清除自由基
- 防癌抗癌
- 增强免疫力
- 缓解压力
- 控制血糖
- 美容养颜

O 适用者

- 一般人
- 便秘者
- 糖尿病患者
- 脂肪肝患者
- 贫血的人

✗ 不适用者

- 麸质过敏者

燕麦的食疗效果

燕麦中丰富的B族维生素能平衡中枢神经系统，使人的情绪放松；燕麦中的维生素E能清除对人体有害的自由基；其木质素能吸收肠道中的胆汁酸，间接降低血中胆固醇浓度。

燕麦有干扰致癌物质将正常细胞转变为癌细胞的作用，多吃燕麦能防癌抗癌，并增强人体免疫力。

燕麦也能减缓胃部排空食物的速度，使葡萄糖分解、吸收减慢，避免餐后血糖值忽然升高，从而达到控制血糖的效果。

燕麦的营养价值

❶ **钙**：燕麦中的钙对于安神与缓解压力具有一定的功效。钙还能促进肌肉的收缩与神经递质的释放，有助于增强神经系统的传导能力，使人体保持高度的集中力。补充钙能使人在休息与睡眠时得到充分放松，保持较旺盛的精力。

❷ **镁**：燕麦中的镁能帮助肌肉放松，稳定心率，并维持神经系统的稳定，使人保持平和镇静的状态。

■ 选购达人

❶ **挑选**：尽量选择颗粒完整、没有杂质与碎粒的燕麦。
❷ **清洗**：先使用清水冲洗燕麦，洗去杂质与灰尘，然后将燕麦放在清水中浸泡约1小时。
❸ **烹调**：先在锅中加入清水，水煮滚后，放入燕麦煮10分钟，可添加杏仁或葡萄干以增添风味。

燕麦的营养成分表

主要营养成分	每100克中的含量
热量	338千卡
膳食纤维	6克
维生素B$_1$	0.46毫克
维生素E	0.91毫克
镁	116毫克

■ 食用方法

❶ **与绿色蔬菜一起烹调**：用绿色蔬菜与燕麦一起烹调，能使燕麦中的维生素E与绿色蔬菜中的维生素C共同作用，发挥良好的抗癌功效，有利于排毒抗癌。
❷ **与黄豆合煮成粥**：建议把黄豆加入燕麦中，煮成黄豆燕麦粥。黄豆中的叶酸会与燕麦中的维生素B$_6$共同作用，有助于预防贫血，还能增强人体的免疫力。

安定情绪 + 清洁肠道

增强大脑活力 + 缓解焦虑

什锦水果麦片粥 （1人份）

营养分析档案

- 热　量：390.3千卡
- 糖　类：70.7克
- 蛋白质：15.8克
- 膳食纤维：6.0克
- 脂　肪：6.0克

材料

苹果……半个
燕麦片……50克
牛奶……1杯
猕猴桃……1个
葡萄干……少许

做法

1. 将燕麦片加入牛奶中煮开。
2. 将苹果与猕猴桃去皮切块，葡萄干洗净。
3. 在燕麦粥中加入苹果块以及猕猴桃块，拌匀后撒上葡萄干即可。

吃出食疗力

燕麦中的维生素B_1与维生素B_6具有补益大脑的功效，钙能安定情绪。苹果与猕猴桃中的膳食纤维能与燕麦中的膳食纤维一起发挥清肠功效，有助于缓解压力，使人的情绪安定平和。

红枣麦片粥 （1人份）

营养分析档案

- 热　量：286.2千卡
- 糖　类：50.4克
- 蛋白质：8.0克
- 膳食纤维：4.4克
- 脂　肪：5.9克

材料

红枣……20克
燕麦片……60克
薏苡仁……30克

做法

1. 将红枣清洗干净放入锅中，加入薏苡仁及适量清水煎煮。
2. 煮开后加入燕麦片，再煮约5分钟即可。

吃出食疗力

红枣与燕麦中均含有丰富的铁，能增强大脑的活力，有利于提高大脑的思维能力；燕麦中的钙能稳定情绪，并能缓解焦虑，有助于舒压放松。

柠檬 *Lemon*

- **别名**：柠果、药果、黎檬子、宜母子

- **性质**：性温

柠檬保健功效

- 防衰抗老
- 稳定情绪
- 提振精神
- 改善皮肤暗沉
- 增进食欲
- 增强免疫力
- 美容养颜
- 促进新陈代谢

〇 适用者

- 一般人
- 结石患者

✗ 不适用者

- 十二指肠溃疡患者
- 胃溃疡患者

柠檬的食疗效果

柠檬富含柠檬酸、烟酸、维生素A与维生素C、糖类、矿物质。柠檬中的维生素C含量最丰富，有助于美白，而柠檬酸能清除体内的乳酸。

柠檬是碱性的食物，能维持人体的酸碱平衡。柠檬中的钾与钙能使血液保持弱碱性，使人体维持年轻的状态，从而预防衰老。

柠檬外皮含有的芳香油能够稳定情绪，使人心情舒畅，并有助于提振精神。

柠檬的营养价值

❶ **柠檬酸**：柠檬中的柠檬酸能分解身体中的乳酸，是帮助血液保持弱碱性的重要营养素。

❷ **维生素C**：柠檬中的维生素C含量非常高。多吃柠檬，能赶走暗沉，帮助皮肤恢复光泽，并能促进人体新陈代谢，有助于缓解疲劳。

❸ **B族维生素**：柠檬中含有丰富的B族维生素，能增进食欲，帮助消化，同时也能促进糖类物质的代谢。

■ 选购达人

❶ **挑选**：果皮厚实、有光泽，表面光滑、呈黄绿色、无碰伤痕迹，没有白色或黄色斑点者为佳。仔细嗅闻果肉时，有柠檬的浓郁香气者较好。

❷ **清洗**：柠檬表面较为粗糙，容易有农药残留，烹调前记得要以软毛刷将表面充分刷洗干净。

❸ **烹调**：柠檬中的维生素C为水溶性维生素，且不耐高温，将柠檬榨成柠檬汁或做成色拉酱汁，是不错的烹调方法。

柠檬的营养成分表

主要营养成分	每100克中的含量
蛋白质	1.1克
脂肪	1.2克
维生素B$_1$	0.05毫克
维生素C	22毫克
烟酸	0.6毫克

■ 食用方法

❶ **新鲜柠檬汁治感冒**：感冒时，适宜饮用新鲜柠檬汁。将柠檬榨成汁，不加水或糖，睡前直接饮用，有助于缓解感冒症状。

❷ **热柠檬汁排毒提神**：热柠檬汁是一种帮助身体清除毒素的饮料，每天早晨起床后，饮用一杯热柠檬汁，能够提神醒脑，使人精神焕发。

消除疲劳 + 恢复体力

蜂蜜柠檬茶 ①人份

营养分析档案

- 热　量：54.5千卡
- 糖　类：13.7克
- 蛋白质：0.4克
- 膳食纤维：0.5克
- 脂　肪：0.2克

材料

柠檬片……1片
柠檬……1个

调味料

蜂蜜……2匙

做法

1. 将柠檬片放入温开水中浸泡。
2. 将柠檬洗净，放入果汁机中榨成柠檬汁，冲入泡过柠檬片的温水中。
3. 将蜂蜜加入柠檬汁中，调匀即可。

吃出食疗力

　　蜂蜜柠檬茶富含维生素C，能快速消除疲劳，使人迅速恢复活力；柠檬酸也能促进乳酸代谢，使人快速恢复体力。

帮助消化 + 促进排便

草莓柠檬汁 ①人份

营养分析档案

- 热　量：301.4千卡
- 糖　类：75.2克
- 蛋白质：3.4克
- 膳食纤维：5.6克
- 脂　肪：0.7克

材料　　　　　　调味料

草莓……300克　蜂蜜……3大匙
柠檬汁……30毫升

做法

1. 将草莓洗干净去蒂，放入果汁机中，加入适量冷开水打成汁。
2. 在草莓汁中加入蜂蜜与柠檬汁调匀即可。

吃出食疗力

　　草莓与柠檬都含有维生素C，有助于恢复体力，并加速体内乳酸的代谢；同时也能增强人体抵抗力，有助于消化，使排便更为顺畅。

天然食材，吃出健康活力

111

梅子 *Plum*

● **别名：**青梅、梅、梅实

● **性质：**性平

● 抗菌　　● 预防感冒
● 帮助消化　● 增进食欲
● 缓解疲劳　● 提高肠道吸收力
● 预防晕车

○ 适用者

● 一般人　● 便秘者

✗ 不适用者

● 无

梅子的食疗效果

梅子含多种有机酸，如柠檬酸与苹果酸，具有明显的抗菌作用，能防止病菌侵袭，有助于预防感冒。

有机酸还能促进胃分泌胃液，帮助消化，还具有整肠及改善便秘的功效。

梅子中的维生素 B_1 还能增进食欲，帮助消化，并缓解人体疲劳；所含丰富的铁、钙、磷能维持血液酸碱平衡，提高肠道的代谢和吸收能力。

梅子的营养价值

❶ **B族维生素：**梅子中含有丰富的B族维生素，能保持情绪的稳定，还可以有效清除身体中的废物，并增进食欲，维持消化系统的正常运作。

❷ **柠檬酸：**梅子中的柠檬酸不仅能开胃，还能促进胃肠蠕动。当人体内积累过多的乳酸时，会出现焦虑不安情绪。柠檬酸能促进人体排出乳酸，身体感到疲劳时，适量食用梅子能有效缓解疲劳。

■ 选购达人

❶ **挑选：**以果形大，无病虫害，果皮无撞伤者为佳。青绿色的梅子生嫩，表皮色泽漂亮，适合做梅子酒；黄绿色的熟梅子适合腌渍、做菜或做成梅干。
❷ **清洗：**新鲜的梅子要用盐清洗干净，放在太阳底下晾干后再腌渍。腌渍的梅子开瓶后可直接食用。
❸ **烹调：**烹煮梅子时，若没有现成的自制腌渍梅，也可使用市售的现成腌渍梅，一样具有独特的风味。

梅子的营养成分表

主要营养成分	每100克中的含量
脂肪	0.9克
膳食纤维	1克
蛋白质	0.9克
铁	1.8毫克
钙	11毫克

■ 食用方法

❶ **保健食品——梅精：**近年盛行将青梅肉精华浓缩成健康养生的梅精，梅精是一种很好的碱性食物。此外，酸溜溜的梅子亦适合做菜，可以增进食欲，促进消化。
❷ **舒压乌梅汁：**将未成熟的梅子剥皮熏黑，可当作抗菌剂和止血剂使用，称为"乌梅"。饭后饮用一杯乌梅汁，可以改善因工作压力、情绪紧张引起的口干舌燥。

增进食欲 + 消除疲劳

抗老防衰 + 健胃整肠

梅子手卷 （1人份）

营养分析档案

- 热　量：71.0千卡
- 糖　　类：14.3克
- 蛋白质：7.4克
- 膳食纤维：1.9克
- 脂　肪：0.1克

材料
梅子……4颗
米饭……1碗
紫菜……1大张
胡萝卜……少许

调味料
醋……1大匙

做法
1. 将米饭加热后，加入醋搅拌均匀，放凉备用；胡萝卜切细丝。
2. 将紫菜铺开，铺上一层米饭，上面放上梅子和胡萝卜丝，包裹起来即可。

吃出食疗力

　　梅子手卷具有良好的开胃效果。梅子中富含维生素C，能消除疲劳；所含柠檬酸能促进乳酸代谢；所含琥珀酸能消除肌肉紧张，并增进食欲。

酥炸梅肉香菇 （1人份）

营养分析档案

- 热　量：275.9千卡
- 糖　　类：16.8克
- 蛋白质：2.1克
- 膳食纤维：2.4克
- 脂　肪：15.2克

材料
腌渍梅肉……6颗
香菇……6朵

调味料
盐……1/2大匙
酱油……1大匙
淀粉……1大匙
橄榄油……适量

做法
1. 将梅子洗净，去核切丁；香菇洗净，去蒂。
2. 将梅肉蘸裹少许淀粉，然后加入盐与酱油调味。
3. 将梅肉一一填入香菇凹陷中。
4. 将淀粉加适量水调成面糊，将完成填馅的香菇全部蘸满面糊。
5. 锅中放橄榄油加热，放入香菇炸熟即可。

吃出食疗力

　　梅子中的多种有机酸能促进消化，改善便秘症状；其中柠檬酸能消除疲劳，使人保持清醒，还具有抗衰老的功效。

红豆 *Red Bean*

● **别名：** 何氏红豆、
鄂西红豆

● **性质：** 性平

红豆保健功效

● 预防贫血　● 促进血液循环
● 温暖身体　● 排毒
● 改善便秘　● 消除疲劳
● 恢复活力　● 健脑益智

○ 适用者

● 一般人　● 贫血者
● 产后及哺乳期女性

✕ 不适用者

● 胀气者　● 体质燥热者
● 胃肠功能低下者

红豆的食疗效果

红豆中含有丰富的维生素B_1、维生素B_2、蛋白质及钙、磷、铁等多种矿物质，自古就是多功能的滋补食物。红豆中含有丰富的铁，是补血的佳品，对促进血液循环、温暖身体有很好的效果，还能消除身体疲劳。

红豆中丰富的膳食纤维能促进排便，有利于排毒，改善便秘症状。

红豆中的维生素B_1能促进糖类代谢，协助人体清除乳酸，有助于消除疲劳。

红豆的营养价值

❶ **铁：** 充足的铁能协助红细胞携带更多氧气，氧气运输至大脑，能使大脑恢复活力，有利于消除大脑及全身的疲劳。

❷ **维生素B_1：** 红豆中富含维生素B_1。维生素B_1能健脑、提高大脑活力，促进糖类与脂肪转化成能量，帮助身体恢复活力。

❸ **蛋白质：** 红豆中的蛋白质能为人体提供必需氨基酸，补充大脑所需的营养，有助于消除疲劳，恢复活力。

■ 选购达人

❶ **挑选：** 红豆若是放置太久的话，烹调时不容易煮熟。应尽量选择看起来饱满、颜色明亮，表皮没有皱缩、没有任何变色或褪色痕迹的红豆。

❷ **清洗：** 在烹煮红豆之前应先浸泡，有助于清洗外皮所附沙粒与灰尘，同时有助于红豆吸收水分而胀大。

❸ **烹调：** 去皮的红豆营养价值不如带皮的红豆，因此烹调红豆时，尽量选用完整的红豆来烹调为佳。

红豆的营养成分表

主要营养成分	每100克中的含量
热量	324千卡
蛋白质	20.2克
膳食纤维	7.7克
维生素E	14.3毫克
维生素B_1	0.16毫克

■ 食用方法

❶ **女性经期吃红豆可补血：** 女性在经期会流失大量血液，导致身体出现贫血或手脚冰冷的现象。经期食用红豆有补血的功效，还有稳定神经的作用。

❷ **胃肠功能低下者少吃红豆：** 胃容易胀气的人或胃肠功能低下者，要避免食用红豆。此外，体质燥热或容易尿频的人也要少吃红豆。

补益气血 + 消除水肿

桂圆红豆粥

（1人份）

营养分析档案

- 热　量：408.4千卡
- 糖　类：86.5克
- 蛋白质：14.7克
- 膳食纤维：5.7克
- 脂　肪：0.7克

材料
桂圆肉……15克
红豆……40克
糯米……60克

调味料
蜂蜜……少许

做法

❶ 将糯米、红豆与桂圆肉清洗干净，将糯米放入锅中加入清水煮成粥。

❷ 将桂圆肉与红豆放入粥中同煮，等红豆煮软后加入蜂蜜调味即可。

吃出食疗力

　　多吃此粥能补益气血。红豆中丰富的钾能帮助身体排出多余的水分，消除水肿；所含维生素B$_1$能消除疲劳；所含铁能促进血液循环，提高人体代谢能力，使人恢复活力。

缓解压力 + 改善便秘

美颜红豆饭

（1人份）

营养分析档案

- 热　量：279.4千卡
- 糖　类：58.0克
- 蛋白质：9.4克
- 膳食纤维：2.8克
- 脂　肪：0.7克

材料
红豆……20克
大米……60克

做法

❶ 将红豆放入清水中浸泡数小时后捞出；将大米清洗干净。

❷ 将红豆与大米混匀倒入锅内，加入2杯水，直接煮成红豆饭即可。

吃出食疗力

　　红豆饭可补充大米中缺乏的维生素B$_1$、维生素B$_2$、矿物质与蛋白质，维持人体内的酸碱平衡。红豆富含膳食纤维，有助于促进胃肠蠕动，改善便秘症状。

姜 *Ginger*

- **别名：**生姜、因地辛
- **性质：**性温

姜的保健功效
- 温暖身体
- 促进血液循环
- 消除疲劳
- 提高活力
- 预防感冒
- 促进新陈代谢
- 杀菌

○ 适用者
- 一般人
- 咳嗽者
- 呕吐者
- 风寒感冒患者

✗ 不适用者
- 肾病患者
- 痔疮患者
- 肝炎患者
- 糖尿病患者

姜的食疗效果

姜是优秀的温补食物，含有姜油酮以及姜辣素，能扩张毛细血管，使血管畅通，维持血液循环的顺畅。多吃姜还有助于温暖身体，预防感冒。

姜油酮能刺激大脑皮层，使人兴奋，因此能消除疲劳，提高人体的活力。姜油酮还具有杀菌功效，能增强免疫力，提高人体的抗病力。姜中丰富的维生素C能促进人体代谢，并有提高免疫力的作用。

姜的营养价值

❶ **姜油酮、姜辣素：**姜里面含有的辛辣成分就是姜油酮与姜辣素。其能清除身体内的自由基，防止衰老，使人保持年轻状态。它们也有助于促进人体新陈代谢，使血液循环顺畅，有温暖身体的功效，有助于消除疲劳，使人精力充沛。

❷ **维生素C：**姜里面含有的维生素C能促进人体新陈代谢，消除疲劳，还能提高免疫力，预防感冒。

■ 选购达人

❶ **挑选：**挑选嫩姜时，应该选择外表净白肥厚，尾端粉红者；挑选老姜时，应该选择外表没有皱缩枯萎，且未腐烂者。

❷ **清洗：**清洗姜时，应该使用软毛刷来刷洗，表皮部位应仔细刷洗。等到外皮清洗干净后，可连皮烹调食用。

❸ **烹调：**在烹调姜时，要尽量避免去皮，因为去皮以后的姜，功效会降低。

姜的营养成分表

主要营养成分	每100克中的含量
蛋白质	1.3克
膳食纤维	2.7克
胡萝卜素	0.17毫克
烟酸	0.8毫克
维生素C	4毫克

■ 食用方法

❶ **不要过量食用：**姜因为能促进血液循环，所以发汗的作用强大，注意不要过量食用，以免引起过敏或是身体发热的症状。体质虚寒的女性，每天食用10克左右的姜，就能够取得很好的暖身效果。

❷ **风寒感冒者吃姜祛寒保暖：**风寒感冒患者，很适合食用姜来祛寒保暖。

温暖身体 + 补血润色

滋补养生 + 补充元气

红枣姜汤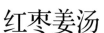

营养分析档案

- 热　量：192.9千卡
- 糖　类：46.4克
- 蛋白质：1.9克
- 膳食纤维：4.8克
- 脂　肪：0.2克

材料
红枣……20颗
姜……15克

调味料
红糖……10克

做法

❶ 将红枣与姜清洗干净，姜切片。

❷ 将红枣与姜片放入锅中，加入适量清水煎煮，煮滚后加入红糖熬煮约10分钟即可。

吃出食疗力

　　姜中含有姜油酮及姜辣素，与红糖一起熬煮成汤，有助于扩张血管，使血流顺畅。红糖与红枣中都含有铁，有补血功效。此饮品有助于温暖身体，改善疲劳症状。

姜汁糯米粥

营养分析档案

- 热　量：276.9千卡
- 糖　类：60.9克
- 蛋白质：6.1克
- 膳食纤维：1.0克
- 脂　肪：0.4克

材料
姜……15克
葱白……4根
糯米……70克
枸杞子……少许

调味料
红糖……1小匙

做法

❶ 把所有材料清洗干净，姜切片，葱白切段。

❷ 将糯米放入锅中，加入适量清水煮成粥，快煮好时放入葱白段与姜片，再煮数分钟后，加入红糖混匀略煮，撒上少许枸杞子点缀即可。

吃出食疗力

　　姜中的姜辣素与姜油酮能促进血液循环，温暖身体，并能提高活力，有效消除疲劳。此道粥品具有滋补效果，能补充元气。

苦瓜 *Balsam Pear*

● **别名**：凉瓜、君子菜

● **性质**：性寒

苦瓜保健功效

● 开胃健脾　● 预防黑斑
● 减脂瘦身　● 增强免疫力
● 防癌抗癌　● 增强食欲
● 美容养颜

○ 适用者

● 一般人　　● 燥热上火者
● 糖尿病患者

✗ 不适用者

● 女性月经期　● 体质虚寒者
● 容易腹泻者

苦瓜的食疗效果

苦瓜有丰富的蛋白质、糖类、维生素C、维生素B$_1$、维生素B$_2$、烟酸、胡萝卜素、钙、铁等营养物质。

维生素C能促进消化，并能防止黑色素堆积，预防皮肤黑斑，是减肥与美容的佳品。

苦瓜的活性蛋白具有抗癌功效，能激发人体免疫系统的防御功能，增强免疫细胞活性，并清除体内有害物质；苦瓜中的奎宁有助于提高免疫力。

苦瓜的营养价值

❶ **苦瓜苷、苦味素**：苦瓜中的苦瓜苷与苦味素，是使苦瓜呈现苦味的重要营养物质。这两种物质能帮助消化，开胃健脾，有利于人体对营养物质的吸收。

❷ **维生素C**：苦瓜中含有大量的维生素C，能促进消化，有利于清除毒素与多余脂肪。维生素C还能提高人体的消化、吸收能力，有利于增强食欲，改善食欲不振症状。另外，维生素C还可消除疲劳，缓解压力。

■ 选购达人

❶ **挑选**：挑选苦瓜时，应该选择具有重量感、外形完整者。外形洁白、果粒饱满且没有损伤裂痕的苦瓜品质较好。

❷ **清洗**：苦瓜的果粒部位较容易残留农药，清洗时应该使用软毛刷来刷洗颗粒部位，表皮部位应仔细刷洗。

❸ **烹调**：苦瓜中的水溶性维生素易溶解于水中，造成营养流失。采用大火炒或凉拌的烹调方式，有助于保留苦瓜中的维生素。

苦瓜的营养成分表

主要营养成分	每100克中的含量
蛋白质	1克
膳食纤维	1.4克
维生素E	0.85毫克
维生素B$_1$	0.03毫克
维生素C	56毫克

■ 食用方法

❶ **食用苦瓜可清热祛火**：食欲不佳者或糖尿病患者，适合多吃苦瓜来增强食欲与控制血糖。中暑者、青春痘患者或上火的人，适合食用苦瓜来清热祛火。

❷ **体质虚寒者少吃**：苦瓜属于寒性食物，处于月经期的女性、体质虚寒的人、容易腹泻的人要少吃苦瓜。

改善便秘 + 健胃整肠

增进食欲 + 排毒抗菌

白玉苦瓜色拉 （1人份）

营养分析档案

- 热　量：245.7千卡
- 糖　类：14.5克
- 蛋白质：3.0克
- 膳食纤维：5.7克
- 脂　肪：20.3克

材料

苦瓜……1根
色拉酱……2大匙

做法

1. 将苦瓜洗干净，去瓤切块。
2. 将切好的苦瓜块放入冰箱中冷藏半小时。
3. 将苦瓜从冰箱中取出，淋上色拉酱，拌匀即可食用。

（吃出食疗力）

　　苦瓜中的维生素C能促进消化；所含膳食纤维能帮助肠道蠕动，有利于改善便秘症状；所含丰富的水分也能滋润肠道，改善便秘症状，还能促进消化。

蜂蜜苦瓜汁 （1人份）

营养分析档案

- 热　量：142.5千卡
- 糖　类：35.4克
- 蛋白质：1.2克
- 膳食纤维：2.9克
- 脂　肪：0.3克

材料　　　　　　调味料

苦瓜……150克　蜂蜜……2大匙

做法

1. 将苦瓜清洗干净，去瓤切块。
2. 将苦瓜块放入果汁机中打成果汁。
3. 加入蜂蜜调味即可。

（吃出食疗力）

　　将苦瓜打成果汁饮用，能够有效消除身体的燥热，并能提高食欲，促进消化。苦瓜汁中的维生素C与B族维生素能调节身体代谢功能，有效清除体内毒素。

天然食材，吃出健康活力

119

菠萝 *Pineapple*

● **别名**：凤梨、旺梨

● **性质**：性平

菠萝保健功效

● 促进消化 ● 促进胃肠蠕动
● 代谢脂肪 ● 促进新陈代谢
● 增进食欲 ● 消除疲劳
● 降血压 ● 去油解腻

○ 适用者

● 一般人 ● 容易腹泻者
● 消化不良者 ● 食欲不振者

✗ 不适用者

● 肾病患者 ● 过敏体质者
● 胃溃疡患者

菠萝的食疗效果

菠萝含有丰富的蛋白质、维生素、糖类与矿物质，如钙、磷、铁、锌等，具有生津止渴的作用。

菠萝中富含酶，具有健胃功效，能促进消化和胃肠蠕动，也有利于改善便秘，还能消除体内多余脂肪，促进代谢，使身材保持苗条。

菠萝中的维生素B_1能提振食欲，并促进代谢，有助于蛋白质与脂肪的代谢。钾能消除疲劳，并清除体内多余水分，有助于调节血压。

菠萝的营养价值

❶ **菠萝蛋白酶**：菠萝中含有丰富的蛋白酶，能分解蛋白质，有利于蛋白质的消化吸收。吃完丰盛油腻的大餐后吃些菠萝，能促进消化，去油解腻。

❷ **维生素B_1**：菠萝中的维生素B_1有助于体内酶的活化，维持代谢功能正常，并有助于增进食欲，维持消化系统的正常运作。

❸ **维生素C**：菠萝中的维生素C能增强人体代谢能力，能促进肠道毒素的代谢，有利于消化功能的正常运作。

■ 选购达人

❶ **挑选**：以果实结实饱满，果皮表面突起处没有磨损，果皮黄色部位略带青色，并有清新果香者为佳。用手指轻弹菠萝表面，回声坚实厚重者品质较好。

❷ **清洗**：直接去皮，清洗后切块即可食用。在品尝菠萝之前，建议先以盐水浸泡菠萝，可减少菠萝对口腔的刺激，使菠萝的滋味更为甜美。

❸ **烹调**：烹饪前用盐水浸泡菠萝，能有效去除菠萝的酸味与涩味。

菠萝的营养成分表

主要营养成分	每100克中的含量
蛋白质	0.5克
膳食纤维	1.3克
维生素B_1	0.04毫克
维生素C	18毫克
烟酸	0.2毫克

■ 食用方法

❶ **菠萝去油解腻**：吃完大餐后食用菠萝可促进消化，并有去油解腻的功效。

❷ **不能吃太多菠萝**：避免食用过量的菠萝，以免刺激口腔黏膜，或导致味觉减退。建议每次食用菠萝量以130克为上限。

高纤通便＋帮助消化

增加肠道益生菌＋强身健体

香瓜菠萝汁 （1人份）

营养分析档案

- 热　量：144.0千卡
- 糖　　类：36.2克
- 蛋白质：2.9克
- 膳食纤维：3.6克
- 脂　肪：0.8克

材料

香瓜……250克
菠萝……100克

做法

1 将香瓜去皮与籽，切成块。
2 将菠萝去皮，切成块。
3 将香瓜块与菠萝块放入果汁机中打成果汁即可。

吃出食疗力

　　菠萝中的膳食纤维能促进肠道蠕动；菠萝蛋白酶能促进蛋白质分解与消化，提高人体的消化能力。香瓜中的丰富水分能帮助肠道代谢。

菠萝酸奶 （1人份）

营养分析档案

- 热　量：130.0千卡
- 糖　　类：30.4克
- 蛋白质：3.4克
- 膳食纤维：1.6克
- 脂　肪：0.4克

材料

菠萝……100克
酸奶……80克
柠檬汁……2大匙

调味料

蜂蜜……1小匙

做法

1 将菠萝去皮切片，放入果汁机中，加入酸奶与柠檬汁一起打成果汁。
2 加入蜂蜜调匀即可。

吃出食疗力

　　菠萝中含有丰富钙、B族维生素与菠萝蛋白酶，能增强人体的消化、代谢能力。酸奶能增加肠道的益生菌数量，有利于肠道毒素的代谢，并有助于增强人体的消化能力。

葡萄柚 *Grapefruit*

● **别名**：西柚、圆柚

● **性质**：性凉

葡萄柚保健功效

- 促进消化
- 防治心血管疾病
- 提神醒脑
- 提振食欲
- 消除水肿
- 增强体力
- 消暑解毒
- 改善牙龈出血

○ 适用者

- 一般人
- 孕妇
- 减肥者
- 宿醉者
- 失眠者

✗ 不适用者

- 肾病患者

 ## 葡萄柚的食疗效果

葡萄柚的果肉酸甜多汁，是促进消化与防治心血管疾病的佳品。葡萄柚中含有丰富维生素C，能促进肠道代谢，有利于蛋白质的消化。

需注意的是，葡萄柚若与降压药合吃，会产生抑制作用，影响人体的健康。

葡萄柚中的膳食纤维能促进新陈代谢，有助于排除肠道毒素，具有缓解便秘的疗效。葡萄柚的外皮含有芳香油，可舒缓情绪，有助于提神醒脑。

葡萄柚的营养价值

❶ **维生素C**：葡萄柚中富含维生素C，维生素C有助于促进人体的新陈代谢。

❷ **B群维生素**：葡萄柚中的B族维生素能促进消化，并能促进消化系统的功能，帮助分解蛋白质。

❸ **柠檬酸**：葡萄柚中的柠檬酸是开胃整肠高手，能促进胃肠蠕动，并有助于调整胃肠功能，对提振食欲很有帮助。

■ 选购达人

❶ **挑选**：以有重量感，外形饱满、呈正圆形，外皮颜色鲜艳且具有光泽者为佳。此外，分量较重的葡萄柚含有较丰富水分。

❷ **清洗**：将葡萄柚外皮清洗干净后，直接去皮即可食用。

❸ **烹调**：在处理葡萄柚时，注意要横向对半切开，将头尾去除，再用刀将中央的白色果梗取出。如此操作，才不会让果梗的苦味影响食物的风味。

葡萄柚的营养成分表

主要营养成分	每100克中的含量
脂肪	0.3克
膳食纤维	1.2克
维生素B$_2$	0.03毫克
维生素C	38毫克
烟酸	0.2毫克

■ 食用方法

❶ **榨成果汁饮用**：将葡萄柚榨成果汁，并加入些许蜂蜜饮用，有助于缓解宿醉症状，也能改善失眠，缓解焦虑情绪。

❷ **饭后去油解腻**：建议在用完丰盛的大餐后食用一个葡萄柚，搭配红茶或制作成甜点都很适宜。葡萄柚酸甜的味道具有去油解腻的功效，并能促进消化。

爽口开胃＋改善便秘

清肠排毒＋增强代谢功能

葡萄酒醋拌香柚 （1人份）

营养分析档案

- 热　量：273.0千卡
- 糖　　类：48.0克
- 蛋白质：2.1克
- 膳食纤维：3.9克
- 脂　肪：9.4克

材料
葡萄柚……300克
粉丝……1/2卷

调味料
葡萄酒醋……1大匙
橄榄油……1小匙
盐……1/2小匙
胡椒……1/4小匙

做法
1. 将葡萄柚洗净，去皮、去籽，切成块。
2. 将粉丝泡软，切成长段。
3. 将葡萄柚果肉块与粉丝混合，加入橄榄油、葡萄酒醋搅拌，再加盐与胡椒调味即可。

吃出食疗力

　　葡萄柚加入粉丝，以橄榄油与葡萄酒醋调味，既爽口又开胃，有助于提振食欲，还能促进胃肠分泌消化液，并能改善便秘症状。

蜂蜜葡萄柚汁 （1人份）

营养分析档案

- 热　量：313.5千卡
- 糖　　类：76.6克
- 蛋白质：4.2克
- 膳食纤维：7.2克
- 脂　肪：1.8克

材料
葡萄柚……1个

调味料
蜂蜜……2大匙

做法
1. 将葡萄柚洗净去皮，果肉去籽切成小块。
2. 将葡萄柚果肉块放入果汁机中打成果汁，加入蜂蜜调味即可。

吃出食疗力

　　葡萄柚中的膳食纤维能清除肠道毒素；所含的维生素C能增强人体代谢功能；所含的柠檬酸能促进胃肠蠕动，有助于预防便秘。

紫苏 *Purple Perilla*

● **别名**：赤苏、白苏、香苏

● **性质**：性微热

紫苏保健功效

● 促进消化 ● 提振食欲
● 杀菌 ● 预防心血管疾病
● 促进代谢 ● 调节血压

○ 适用者

● 一般人 ● 高血压患者
● 过敏性皮肤炎患者

✗ 不适用者

● 糖尿病患者

紫苏的食疗效果

散发天然香气的紫苏叶，是深受人们喜爱的古老香草。紫苏中的紫苏醛是其独特香气的来源。传统医学认为紫苏能治疗海鲜或鱼贝类食物中毒。

紫苏是助消化的良药。紫苏醛通过刺激嗅觉，促进胃肠分泌消化液。紫苏还有助于提振食欲，对于夏日炎热引起的食欲不振有改善作用。

紫苏中丰富的矿物质如铁、镁、钾、锌等，能提高人体代谢能力，保持血液健康，预防心血管疾病。

紫苏的营养价值

❶ **紫苏醛**：紫苏中的紫苏醛是使紫苏具有香气的芳香成分，实验发现紫苏醛还有杀菌作用。另外，紫苏醛还能促进胃液分泌，提高消化能力。

❷ **亚麻酸**：紫苏中的亚麻酸是一种不饱和脂肪酸，有助于滋润肠道，有效促进肠道蠕动，有利于消化系统的正常运作。

❸ **B族维生素**：紫苏中的B族维生素有助于体内酶的活化，维持代谢功能正常，促进胃肠蠕动，有效清除体内的废物，使消化系统正常运作。

■ 选购达人

❶ **挑选**：紫苏叶有紫红色、紫中带绿、纯绿色三种，购买时要挑选颜色较深，且色泽鲜艳、水分充足的紫苏叶。

❷ **清洗**：烹调前将紫苏叶放在流水下面反复冲洗，要将两面都冲洗干净，并在清水中浸泡一段时间，最后使用纸巾将叶片上的水分吸干即可。

❸ **烹调**：炒菜时加入紫苏叶以油拌炒，能使紫苏中的胡萝卜素更容易释放出来，从而更容易被人体吸收。

紫苏的营养成分表

主要营养成分	每100克中的含量
热量	20千卡
膳食纤维	0.6克
蛋白质	0.7克
维生素A	65微克
钙	12毫克

■ 食用方法

❶ **泡茶饮用**：将紫苏叶以滚水泡开，当作茶饮来饮用，有养生滋补的功效。

❷ **调味作料**：紫苏的茎叶有特殊的香味和色泽，可以用于烹调或做成腌渍食物，也可用于调味或食物染色。

补血润色＋缓解消化不良

缓解疲劳＋加强胃肠功能

开胃紫苏茶 （1人份）

营养分析档案

- 热　量：19.3千卡
- 糖　类：5.0克
- 蛋白质：0克
- 膳食纤维：0克
- 脂　肪：0克

材料
紫苏叶……15克

调味料
红糖……1小匙

做法
1. 将紫苏叶洗净，切碎。
2. 将紫苏叶末放入杯中，加入热水冲泡，最后加入红糖调味即可。

吃出食疗力

　　紫苏中的铁能补血；所含紫苏醛能促进胃液分泌，有利于消化；所含维生素C能增强肠道的代谢功能。在饭后饮用一杯紫苏茶，有助于缓解消化不良症状。

酥炸紫苏茄 （1人份）

营养分析档案

- 热　量：99.4千卡
- 糖　类：24.0克
- 蛋白质：1.4克
- 膳食纤维：3.0克
- 脂　肪：1.0克

材料
紫苏叶……20克
茄子……100克
白芝麻……少许

调味料
金橘酱……2大匙
食用油……1小匙

做法
1. 将茄子清洗干净，切成小段；紫苏叶洗净备用。
2. 将茄子段放入油锅中炸熟，撒上少许白芝麻。
3. 食用时用紫苏包裹茄子，蘸金橘酱即可。

吃出食疗力

　　紫苏能提振食欲，促进胃液分泌；茄子中的膳食纤维能促进肠道蠕动，帮助消化；二者均含维生素C，能增强消化系统的代谢功能，还能缓解疲劳，改善食欲不振的症状。

Point 减脂消肿美味夏蔬

丝瓜 *Loofah*

● 别名：菜瓜

● 性质：性凉

丝瓜保健功效
- 降血压
- 清热利尿
- 调整胃肠
- 改善便秘
- 消除水肿
- 清洁血液
- 排毒
- 美肤除皱

○ 适用者
- 一般人
- 体质燥热者
- 易中暑者

✗ 不适用者
- 腹泻者
- 胃肠虚弱者

丝瓜的食疗效果

丝瓜中含有丰富的维生素B_6，其为天然的利尿剂，能消除水肿。

丝瓜中含有的维生素B_1能滋润、美白皮肤，并能保持皮肤的弹性。

丝瓜含有丰富矿物质，能维持血液酸碱平衡，有助于清洁血液。其中钾有利尿、降低尿酸的作用，可增强内脏的解毒及代谢功能，使人体远离毒素的威胁。

丝瓜中的天门冬氨酸能清热解毒，还有增强抵抗力的功效。

丝瓜的营养价值

❶ **天门冬氨酸**：丝瓜中含有丰富的天门冬氨酸，具有清热解毒与活血通络的作用。

❷ **钾**：丝瓜富含钾。钾具有促进新陈代谢、调节渗透压、维持体内酸碱平衡的功效，还参与糖类、蛋白质的代谢，对人体十分有益。

❸ **维生素B_1、维生素B_6**：丝瓜中的维生素B_1能防止皮肤老化，丝瓜中的维生素B_6有助于稳定情绪。多食用丝瓜能消除烦躁情绪。

■ 选购达人

❶ **挑选**：挑选丝瓜时，应选择外皮无皱纹，颜色翠绿，握在手中有沉重感，尾端质地鲜嫩者。

❷ **清洗**：清洗后去除外皮，即可烹调食用。

❸ **烹调**：在烹调丝瓜前，建议先将丝瓜的蒂头去除，避免蒂头因为加热而出现氧化变黑的现象。

丝瓜的营养成分表

主要营养成分	每100克中的含量
蛋白质	1克
维生素B_2	0.04毫克
维生素C	5毫克
维生素E	0.22毫克
烟酸	0.4毫克

■ 食用方法

❶ **优良的减肥食材**：食用丝瓜有助于减肥与消除水肿。丝瓜中的糖类与脂肪含量都很低，所含膳食纤维能帮助降脂，是很好的减肥蔬菜。

❷ **慢性胃炎患者不宜多吃**：丝瓜属于凉性蔬菜，慢性胃炎患者要避免过多食用，以免加重胃炎症状。

调理月经 + 润肠通便

利尿消肿 + 清肠排毒

西红柿丝瓜蜜

营养分析档案

- 热　量：76.6千卡
- 糖　类：16.0克
- 蛋白质：2.2克
- 膳食纤维：2.3克
- 脂　肪：0.5克

材料
西红柿……150克
丝瓜……80克

调味料
蜂蜜……1小匙

做法

❶ 将西红柿洗干净，切成小块。

❷ 将丝瓜洗净，去皮切块。

❸ 将西红柿块和丝瓜块放入果汁机中，加入250毫升凉开水打成果汁，加入蜂蜜调匀即可。

吃出食疗力

丝瓜能清热解毒、稳定情绪，月经不调的女性适量食用丝瓜也能达到调理月经的效果；西红柿能润肠通便。这道蔬果汁能增强人体抗病能力，并且能提高肝脏的解毒能力。

凉拌丝瓜竹笋

营养分析档案

- 热　量：58.4千卡
- 糖　类：4.3克
- 蛋白质：1.9克
- 膳食纤维：2.3克
- 脂　肪：3.7克

材料
丝瓜……60克
竹笋……60克
薄荷叶……少许
黑芝麻……少许

调味料
酱油……1小匙
醋……1大匙
香油……1小匙

做法

❶ 将丝瓜与竹笋洗干净，去皮切丝；将薄荷叶洗净。

❷ 将切好的材料放入大碗中，加入酱油、醋与香油拌匀，撒上黑芝麻、薄荷叶即可。

吃出食疗力

丝瓜具有很强的解毒功效，有助于利尿消肿，但容易腹泻或手脚冰冷的人不宜过多食用丝瓜。竹笋中的膳食纤维能清洁肠道，并有助于清洁血液，提高人体的抗病能力。

冬瓜 *Wax Gourd*

- **别名**：白瓜、枕瓜

- **性质**：性微寒

冬瓜保健功效
- 清热解暑
- 生津止渴
- 利尿
- 养颜美容
- 止咳润喉
- 帮助减肥
- 消除水肿
- 补血

○ 适用者
- 一般人
- 减肥者
- 水肿患者
- 肾炎患者

✗ 不适用者
- 胃肠虚寒者

冬瓜的食疗效果

冬瓜的水分含量高达98%，能清热解暑、利尿消肿、止咳润喉、生津止渴。

冬瓜也是很好的减肥蔬菜，其含有丙醇二酸，含糖量与含钠量较低，且不含脂肪，能使身材保持苗条，防止水肿、发胖。

冬瓜含有丰富的钾，具有利水消肿作用，还可调节血压，并能改善肾炎症状。另外，冬瓜中含有的铁还能补血。

冬瓜的营养价值

❶ **丙醇二酸**：冬瓜中的丙醇二酸可以抑制糖类转化为脂肪，防止人体内脂肪的堆积，因此能够有效地消脂减肥。

❷ **钾**：冬瓜中含有丰富的钾，能促进血液中的钠离子排出，改善血管弹性。钾有利尿作用，有利于调节血压，改善水肿症状。

❸ **膳食纤维**：冬瓜中也含有丰富的膳食纤维，能促进消化，改善肠道微环境，有利于清洁肠道。

■ 选购达人

❶ **挑选**：挑选冬瓜时，应该选择表皮有一层白色粉末，切开后肉质洁白、富有弹性，切口新鲜者。

❷ **清洗**：用水清洗冬瓜的外皮后即可烹调食用。

❸ **烹调**：将冬瓜连皮煮成汤，能发挥较好的利水作用；或将冬瓜连皮煮烂，打成菜泥后过滤，加入白糖当茶饮，也能起到良好的消暑作用。

冬瓜的营养成分表

主要营养成分	每100克中的含量
蛋白质	0.4克
维生素C	18毫克
胡萝卜素	0.08毫克
脂肪	0.2克
烟酸	0.3毫克

■ 食用方法

❶ **冬瓜籽煎煮成汤可防癌**：冬瓜籽也是优秀的养生食物。冬瓜籽含有抗病毒与抗肿瘤的营养素，经常饮用以冬瓜籽煎煮的汤，有助于防癌。

❷ **用冬瓜片擦身体可治皮肤病**：冬瓜有清热解毒的功效。用冬瓜熬成水后冲洗身体，或用冬瓜切片后擦洗患处，可治疗皮肤病，同时可预防痱子或改善其症状。

改善肾炎症状 + 清热解毒

冬瓜皮排毒汤 （1人份）

营养分析档案

- 热　量：16.0千卡
- 糖　类：3.0克
- 蛋白质：1.0克
- 膳食纤维：1.0克
- 脂　肪：0克

材料　　　　　　调味料

冬瓜皮……120克　盐……1小匙
素肉……20克
欧芹叶……少许

做法

1. 将素肉用热水泡开，洗干净，切块；冬瓜皮洗干净，切块。
2. 在锅中放入清水，加入冬瓜皮块以及素肉块。
3. 熬煮成浓汤后，加入适量盐调味，撒入洗净的欧芹叶即可。

吃出食疗力

　　冬瓜中的钾能清除体内多余的钠，有助于改善慢性肾炎症状；所含膳食纤维能整肠排毒；所含维生素C可抑制病毒与细菌的活性。夏日饮用这道汤品，有助于清热解暑。

美容养颜 + 清凉祛火

消暑冬瓜茶 （1人份）

营养分析档案

- 热　量：162.6千卡
- 糖　类：37.8克
- 蛋白质：1.5克
- 膳食纤维：3.3克
- 脂　肪：0.6克

材料　　　　　　调味料

冬瓜……300克　冰糖……30克

做法

1. 将冬瓜洗干净，连皮切成大块。
2. 将冬瓜块放入锅中，加水以小火炖煮熟软后捞出。
3. 把煮好的冬瓜块放入果汁机中打成菜泥，将菜泥滤渣成茶汁，加入冰糖调味即可。

吃出食疗力

　　冬瓜茶中丰富的维生素C能清除体内毒素；所含矿物质能补充人体所需；所含B族维生素能促进代谢，并有美容养颜、祛火解毒的功效。

大白菜 *Chinese Cabbage*

● **别名**：结球白菜

● **性质**：性寒

● 解毒　　　● 防癌
● 调整胃肠　● 促进消化
● 润泽皮肤　● 改善便秘
● 防止水肿　● 改善肾炎症状

○ 适用者
● 痛风患者　● 心血管疾病患者
● 便秘者　　● 肾炎患者

✘ 不适用者
● 哮喘患者　● 胃肠虚寒者
● 腹泻及寒痢者

大白菜的食疗效果

大白菜属于十字花科蔬菜，具有良好的解毒功能，能有效分解致癌物质，预防癌症。经常食用大白菜，还能提高人体的排毒能力。

大白菜中的维生素C有抗氧化作用，可抑制致癌物质的活性，还能提高人体免疫力，抵御病毒侵袭，预防感冒。

大白菜也是容易消化的蔬菜，还能促进胃肠蠕动。大白菜中丰富的水分能润燥止渴，使皮肤润泽、有弹性，并能消除疲劳。

大白菜的营养价值

❶ **钾**：大白菜中的钾能调节体内的水平衡，防止水肿，有助于防治高血压。适量摄取钾，也有利于维持体内的酸碱平衡。

❷ **硒**：大白菜中的硒能增强人体的免疫功能，具有很强的抗癌功效。硒也有助于预防心肌梗死与高血压。

❸ **锌**：大白菜中的锌参与人体组织蛋白的合成与修护，也是胰腺分泌胰岛素的必需营养素。锌还参与伤口的愈合、毛发的生长、黏膜组织的修复。

■选购达人

❶ **挑选**：挑选大白菜时，应该选择叶片质地细致、无斑点、无腐烂，叶片紧密包覆，个体结实者。
❷ **清洗**：清洗大白菜时，应该先去除外叶，将枯烂的叶片剥除，接着将其余的叶片一片片剥下，以清水反复冲洗。
❸ **烹调**：应避免长时间用水浸泡大白菜，以免大白菜中的水溶性维生素流失。

大白菜的营养成分表

主要营养成分	每100克中的含量
蛋白质	1.5克
膳食纤维	0.8克
维生素C	31毫克
维生素E	0.76毫克
烟酸	0.6毫克

■食用宜忌

❶ **哮喘患者要少吃**：大白菜是寒性蔬菜，哮喘患者不宜食用，以免加重症状。
❷ **避免用铜制锅具烹调**：避免使用铜制锅具烹调大白菜，以免大白菜中的维生素C被铜离子破坏，降低大白菜的营养价值。

促进胃肠蠕动 + 抗氧化

防癌抗癌 + 增强抵抗力

醋渍白菜

营养分析档案

- 热　量：85.2千卡
- 糖　类：5.4克
- 蛋白质：3.3克
- 膳食纤维：2.7克
- 脂　肪：5.6克

材料
大白菜……300克
蔬菜高汤……1杯
胡萝卜丝……适量
辣椒片……少许

调味料
盐……1/2小匙
醋……1杯
料酒……2匙

做法
1. 将大白菜、胡萝卜丝、辣椒片洗干净，加入盐，放入滚水中烫过取出。
2. 将大白菜中的水分挤干，切成块。
3. 把醋与料酒混合，加入蔬菜高汤中。
4. 将蔬菜高汤倒入密封罐中，加入大白菜块、胡萝卜丝、辣椒片，将瓶盖封紧。
5. 将大白菜腌渍1天即可。

吃出食疗力

　　大白菜中含有丰富的膳食纤维与多种维生素，能促进胃肠蠕动，有利于肠道毒素排出；所含维生素C能抗氧化，抗病毒，并提高人体代谢能力。

香菇烩白菜

营养分析档案

- 热　量：35.4千卡
- 糖　类：5.0克
- 蛋白质：2.8克
- 膳食纤维：2.6克
- 脂　肪：0.5克

材料
大白菜……180克
香菇……6朵

调味料
盐……1小匙
酱油……2匙
食用油……1大匙

做法
1. 将香菇用温开水泡软，去蒂。
2. 将大白菜洗干净，切成长段。
3. 锅中放油烧热，放入大白菜段略炒，放入香菇与酱油一起烧煮。
4. 加入适量水及盐调匀，盖上锅盖，将大白菜煮软即可。

吃出食疗力

　　大白菜中的维生素C和钼能抑制人体对亚硝胺的合成与吸收，具有抗癌作用；香菇具有良好的排毒作用。二者一起烹调，食用后能帮助清除体内的毒素，增强人体抵抗力。

韭菜 *Chinese Leek*

● **别名：** 长生韭、起阳草

● **性质：** 性温

韭菜的食疗效果

韭菜中含有锌，具有温和的补益功效，能有效滋补肝脏与肾脏。韭菜中的胡萝卜素具有抗氧化作用，有助于抑制自由基对人体的损害，延缓身体老化。

韭菜也富含膳食纤维，能促进肠道蠕动，可帮助消化，预防便秘，还能清除体内废物。

韭菜里的挥发油与硫化物具有杀菌功效，有助于抑制病菌，并可提振食欲。

韭菜的营养价值

❶ **胡萝卜素：** 韭菜中含有丰富的胡萝卜素，其具有很强的抗氧化能力，能保护身体免于自由基的侵害。

❷ **硫化丙烯基：** 韭菜中的硫化丙烯可以防止细胞突变与癌变，并抑制细菌产生有毒物质，还能降低血压。

❸ **铁：** 韭菜中的铁能补血，有利于改善贫血症状，同时能补虚强身，使人恢复元气，因此具有补充体力的作用。

■ 选购达人

❶ **挑选：** 挑选韭菜时，以叶片新鲜浓绿、挺拔直立，茎部脆嫩洁白，且切口新鲜者为佳。

❷ **清洗：** 清洗韭菜时，应该先去除枯黄腐烂部分，再放在水中浸泡，逐株进行清洗，最后切除根部即可烹调食用。

❸ **烹调：** 韭菜中含有丰富的胡萝卜素，在烹调时不妨加入些许芝麻油来拌炒，能促进胡萝卜素的溶解，提高人体对胡萝卜素的吸收率。

韭菜的营养成分表

主要营养成分	每100克中的含量
蛋白质	2.4克
胡萝卜素	1.41毫克
维生素C	24毫克
脂肪	0.4克
烟酸	0.8毫克

■ 食用方法

❶ **消除口腔异味的方法：** 吃完韭菜以后，如果口腔产生异味，可以吃些咸梅或是饮用柠檬水消除异味。

❷ **春韭与夏韭：** 韭菜分春韭和夏韭，春韭味鲜甜，夏韭较苦涩。韭菜加热后会产生淡淡甜味，此外，由于韭菜易熟，烹调时间不宜过久。

降血脂 + 强身健体

健胃整肠 + 养生排毒

活力韭菜汁

①人份

营养分析档案

- 热　量: 61.2千卡
- 糖　类: 8.6克
- 蛋白质: 4.0克
- 膳食纤维: 4.8克
- 脂　肪: 1.2克

材料

韭菜……200克

做法

① 将韭菜洗干净，切段。
② 将韭菜放入滚水中烫熟后取出，放入果汁机中打成汁。
③ 将打好的韭菜汁加入温开水搅匀即可。

高纤韭菜粥

②人份

营养分析档案

- 热　量: 302.1千卡
- 糖　类: 64.5克
- 蛋白质: 8.2克
- 膳食纤维: 2.3克
- 脂　肪: 1.3克

材料　　　　　　　调味料

韭菜……80克　　　盐……1/2小匙
大米……100克

做法

① 将韭菜洗干净，切成小段。
② 将大米清洗干净，放入锅中，加水熬煮成粥。
③ 粥煮好后加入韭菜段搅匀，加入盐稍煮5分钟即可；吃时，加两块辣萝卜更开胃。

吃出食疗力

韭菜中含有丰富的膳食纤维，能促进消化；含有的硫化物能降低血脂。每天适量饮用韭菜汁，能够有效帮助人体排出毒素，并且能增强身体的抵抗力。

吃出食疗力

韭菜中的维生素C与维生素A能帮助人体抵御病毒的侵害；韭菜中丰富的膳食纤维能健胃整肠，有利于清洁肠道，排出肠道的毒素。

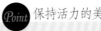
菠菜 *Spinach*

- **别名**：菠薐菜、红根菜

- **性质**：性平

菠菜保健功效
- 清热解毒
- 补血
- 保持活力
- 活化大脑细胞
- 美容养颜
- 增强免疫力
- 保护视力
- 消除疲劳

○ 适用者
- 高血压患者
- 贫血患者
- 一般人

✗ 不适用者
- 肾结石患者

菠菜的食疗效果

菠菜含有大量叶酸，多吃菠菜，能增强人体的排毒功能；菠菜中的铁能补血，使人保持青春活力、气色红润。

菠菜中丰富的膳食纤维能有效润肠通便，有助于促进肠道废物排出，使肠道保持健康。

多吃菠菜能提高大脑的活力。菠菜中丰富的抗氧化物能促进大脑细胞的代谢，使大脑保持活力。另外，菠菜也有清热解毒的功效。

菠菜的营养价值

❶ **铁**：菠菜中的铁可以增强人体的造血功能，让女性脸色红润。

❷ **胡萝卜素**：菠菜中的胡萝卜素含量仅次于胡萝卜，能有效增强人体的抵抗力。

❸ **膳食纤维**：菠菜中丰富的膳食纤维能润肠通便，还能在肠道中吸附食物中的水分，清除毒素。

❹ **维生素B₁、维生素B₂**：菠菜中的维生素B_1与维生素B_2，能促进体内脂肪与蛋白质的代谢，提高人体的消化能力。

■ 选购达人

❶ **挑选**：挑选菠菜时，以叶片呈深绿色、富有光泽并有滋润感，根部呈深粉红色，切口新鲜者为佳。

❷ **清洗**：清洗菠菜时，应该先将整株菜放入混合了面粉的清水中浸泡5分钟，再以流水仔细冲洗干净。

❸ **烹调**：烹调菠菜时，建议加入含有维生素E的芝麻油或杏仁油，如此能促进菠菜中胡萝卜素的溶解，提高人体对胡萝卜素的吸收率。

菠菜的营养成分表

主要营养成分	每100克中的含量
蛋白质	2.6克
维生素B_1	0.04毫克
维生素C	32毫克
铁	1.8毫克
脂肪	0.3克

■ 食用方法

❶ **不要去除根部**：菠菜的根部含有丰富的铁和钙，因此宜连根部一起吃，而且不要去除根部，更不要煮得过久，这样才能摄取完整的营养。

❷ **先切再煮**：因为菠菜中容易残留农药，所以最好的处理方式是将菠菜改刀以后再烹调。可将菠菜切成2厘米长的段，之后用沸水煮1分钟，可以去除农药。

润肠通便＋抗病毒

翠绿菠菜粥

营养分析档案

- 热　量：302.5千卡
- 糖　　类：64.0克
- 蛋白质：8.7克
- 膳食纤维：2.8克
- 脂　肪：1.3克

材料
菠菜……100克
大米……80克

调味料
盐……1小匙

做法
1. 将菠菜洗干净，切成小段。
2. 将大米放入锅中，加入水以大火煮滚。
3. 转小火，加入菠菜段熬煮成粥。
4. 起锅前加入盐调味即可。

吃出食疗力

　　菠菜粥含有丰富的膳食纤维，能有效润肠通便，清除肠道毒素；菠菜中的胡萝卜素有抗氧化作用，并可抵御病毒对人体的侵害。

补血润肤＋高纤排毒

菠菜蘑菇汤

营养分析档案

- 热　量：48.3千卡
- 糖　　类：6.4克
- 蛋白质：3.9克
- 膳食纤维：4.8克
- 脂　肪：0.8克

材料
菠菜……80克
蘑菇……100克

调味料
盐……1/2小匙

做法
1. 将菠菜洗干净，切成小段。
2. 将蘑菇洗干净，去蒂切片。
3. 将菠菜段与蘑菇片放入锅中，加入适量清水烹煮。
4. 汤煮好后加入盐调味即可。

吃出食疗力

　　菠菜与蘑菇中含有大量的膳食纤维，能吸附肠道中的代谢废物，保持肠道健康。菠菜中的铁能提高人体的造血能力；膳食纤维有整肠的作用，可清除体内各种毒素。

竹笋 *Bamboo Shoot*

● **别名**：笋子

● **性质**：性微寒

竹笋保健功效

- 促进消化
- 改善便秘
- 润肠通便
- 清热解毒
- 改善水肿
- 预防感冒
- 清热化痰
- 产生饱足感

○ 适用者

- 一般人
- 便秘患者
- 高胆固醇血症患者

✗ 不适用者

- 胃病患者
- 胃肠虚弱者
- 痛风患者
- 尿道结石患者

竹笋的食疗效果

竹笋中丰富的膳食纤维能润肠通便，清除肠道毒素，还可以让人产生饱足感，进而减少进食量，有助于保持苗条身材。

竹笋也是优秀的解毒蔬菜，能改善身体的水肿症状，并有清热的功效。竹笋还能改善感冒以及痰多症状。

竹笋中的铁能促进造血，优质蛋白能提高活力，增强人体免疫力与抗病能力。

竹笋的营养价值

❶ **钾**：竹笋中的钾能促进钠排出体外，从而调节血压，维持人体体液的平衡。

❷ **膳食纤维**：竹笋中含有丰富的膳食纤维，能促进胃肠蠕动，帮助消化。此外，多食用竹笋还能缓解便秘症状。

❸ **铁**：竹笋中含有丰富的铁。在人体中，铁参与血红蛋白的合成和氧气的运输，还参与细胞色素和酶的合成，适量食用竹笋对生长发育大有裨益。

■ 选购达人

❶ **挑选**：挑选竹笋时，以笋壳光滑，外形矮胖且弯曲如牛角形，切口组织细密，肉质鲜嫩甘甜者为佳。

❷ **清洗**：稍微清洗竹笋外皮，然后连外皮一起放入水中煮，煮熟后捞出，再剥除外壳。

❸ **烹调**：将竹笋煮成清汤，或将竹笋烫熟后加入调味酱料凉拌鲜食，都是很好的烹调方式。

竹笋的营养成分表

主要营养成分	每100克中的含量
脂肪	0.2克
膳食纤维	1.8克
蛋白质	2.6克
维生素C	5毫克
烟酸	0.6毫克

■ 食用方法

❶ **胃病患者不宜食用**：竹笋的膳食纤维含量较高，且属于寒性食物，胃溃疡等胃病患者不宜食用，以免病情加重。

❷ **风热感冒时多喝竹笋汤**：竹笋中含有丰富的矿物质，具有清热解毒的作用。风热感冒时不妨多喝竹笋汤，有助于改善感冒症状。

高纤瘦身 + 清肠排毒

帮助消化 + 刺激胃肠蠕动

竹笋萝卜汤 （1人份）

营养分析档案

- 热　量：198.6千卡
- 糖　类：20.3克
- 蛋白质：4.9克
- 膳食纤维：8.9克
- 脂　肪：1.2克

材料

竹笋……120克
胡萝卜……180克
海带……25克

调味料

盐……1小匙

做法

1. 将竹笋清洗净，去皮，切成小块。
2. 将胡萝卜洗净，去皮，切成大块；海带放入清水中泡软，切成大片。
3. 将竹笋块、胡萝卜块、海带放入锅中，加入适量清水熬煮成汤，最后加入盐调味即可。

吃出食疗力

　　竹笋中含有丰富的膳食纤维，能清除肠道中的毒素；胡萝卜中丰富的维生素能提高人体的代谢能力；海带能清除体内的代谢废弃物。此汤品鲜美可口，具有排毒解毒的作用。

凉拌鲜笋 （1人份）

营养分析档案

- 热　量：125.2千卡
- 糖　类：6.9克
- 蛋白质：2.7克
- 膳食纤维：2.8克
- 脂　肪：9.6克

材料

竹笋……120克
色拉酱……适量
西蓝花……少许
胡萝卜……少许

做法

1. 将竹笋清净，放入滚水中煮熟，捞出放凉，去皮切块。
2. 将胡萝卜洗净，去皮切片；西蓝花洗净切块，与胡萝卜片一起烫熟备用。
3. 将竹笋块、西蓝花块、胡萝卜片盛盘，淋上色拉酱即可。

吃出食疗力

　　竹笋中丰富的膳食纤维能清洁肠道；所含的维生素C可增强人体的抗病能力，还能促进代谢，有效清除身体毒素。这道凉拌菜高纤低脂，可促进胃肠蠕动、帮助消化。

绿豆 *Mung Bean*

● 别名：青豆子、青小豆

● 性质：性凉

绿豆保健功效
● 清热解毒　　● 提高代谢能力
● 改善痤疮　　● 保护眼睛
● 强健骨骼　　● 缓解焦虑
● 预防皮肤病

○ 适用者
● 燥热上火者　● 皮肤干燥者
● 压力大者　　● 常感疲劳者

✗ 不适用者
● 易腹泻者　　● 尿频者

绿豆的食疗效果

　　绿豆具有良好的清热解毒功效，可缓解因上火或食物中毒引发的不适症状。绿豆含有丰富的维生素C，能增强人体的抗癌能力，B族维生素能增强人体的代谢能力。

　　绿豆也能缓解因上火而引发的皮肤问题，如缓解嘴唇、皮肤干燥，改善痱子、痤疮等的症状。

　　绿豆中含有大量矿物质，是很好的碱性食物，多食用绿豆有利于调节人体内的酸碱平衡。

绿豆的营养价值

❶ **镁**：绿豆中的镁有助于降血压，还能促进人体对钙的吸收，有效促进骨骼的生长发育。

❷ **维生素B₁**：绿豆中的维生素B₁能维持神经稳定，使人情绪平稳。维生素B₁也能促进糖类的代谢，是维持脑细胞正常功能的必要营养物质。

❸ **维生素B₆**：绿豆中的维生素B₆是促进蛋白质代谢的重要营养物质，也有助于稳定情绪，消除忧虑，还能预防精神与皮肤方面的疾病。

■ 选购达人

❶ **挑选**：挑选绿豆时，以色泽鲜绿，颗粒大小均匀、饱满，且没有虫蛀者为佳。

❷ **清洗**：清洗绿豆时，用清水冲洗去灰尘与表面脏污即可烹煮。

❸ **保存**：将绿豆放在布袋或密封容器中，然后置于通风阴凉的场所保存。

绿豆的营养成分表

主要营养成分	每100克中的含量
热量	329千卡
维生素E	10.95毫克
维生素B₁	0.25毫克
钾	787毫克
镁	125毫克

■ 食用方法

❶ **夏季宜喝绿豆汤**：在炎热的夏季饮用绿豆汤，有降温与解暑的功效，也有利于缓解上火症状。

❷ **热水快煮绿豆汤**：煮绿豆汤的时候，可以先用热水快煮绿豆，加热时间不宜过长，因为加热太久，会破坏绿豆中的有机酸和维生素，使绿豆的营养价值大大降低。

抗老防衰 + 养颜美容

杀菌排毒 + 净化血液

南瓜绿豆汤

1人份

营养分析档案

- 热　量：247.5千卡
- 糖　　类：50.0克
- 蛋白质：106.0克
- 膳食纤维：6.0克
- 脂　肪：0.6克

材料

绿豆……30克
南瓜……150克

调味料

冰糖……1小匙

做法

1. 将绿豆放入清水中浸泡2小时。
2. 将南瓜洗干净，去皮切大块。
3. 将绿豆与南瓜块放入锅中，加入适量清水，慢火熬煮至南瓜块与绿豆熟软，加入冰糖即可。

吃出食疗力

　　绿豆可清热解毒、能促进肠道蠕动，使排便顺畅，还能抗衰老、养颜美容。南瓜中的膳食纤维能够清洁肠道，具有整肠的功效。

绿豆酸梅饮

3人份

营养分析档案

- 热　量：373.3千卡
- 糖　　类：72.4克
- 蛋白质：19.1克
- 膳食纤维：9.8克
- 脂　肪：0.8克

材料

绿豆……80克
酸梅……20克

调味料

冰糖……1小匙

做法

1. 将绿豆洗干净，放入锅中，加入适量清水熬煮。
2. 绿豆熬煮至熟软后，加入酸梅一起煮。
3. 续入约800毫升清水煮至水沸，加入适量冰糖混匀，再煮片刻即可。

吃出食疗力

　　绿豆中的B族维生素能提高人体的代谢能力；所含维生素E能增强人体的抗氧化能力，有助于对抗病毒。酸梅中的柠檬酸有杀菌的作用，还能净化血液。

西瓜 *Watermelon*

- **别名**：水瓜、夏瓜、寒瓜

- **性质**：性寒

西瓜保健功效

- 消暑解渴
- 养颜美容
- 降血压
- 利尿
- 解毒
- 保持活力
- 延缓衰老
- 改善肾炎症状

○ 适用者

- 高血压患者
- 宿醉者

✘ 不适用者

- 胃肠虚寒者
- 容易腹泻者

西瓜的食疗效果

西瓜是排毒高手，有消肿解毒的功效，有利于人体排出堆积于体内的毒素，并有利尿功效。西瓜中含有多种抗氧化营养素，能防止自由基伤害人体，并预防血管硬化。

西瓜中的钾能降低血压，保护血管的健康，并有利尿功效。

西瓜的外皮也有绝佳的食疗功效，能利尿，改善肾炎与膀胱炎症状。西瓜中丰富的维生素C也有解毒功效，能保持人体活力。

西瓜的营养价值

❶ **钾**：西瓜的果皮与果肉中含有丰富的钾。钾有利尿作用，并可增强心肌收缩能力。钾也能改善肾炎与膀胱炎症状，还能预防动脉硬化。

❷ **镁**：西瓜中含有丰富的镁。镁能帮助肌肉放松，维持心脏正常运作，还可以使情绪稳定。

❸ **维生素A**：西瓜中的维生素A也是很好的抗氧化物。维生素A能保护细胞，阻止细菌与病毒的入侵，能够有效降低罹患感冒的概率。

■ 选购达人

❶ **挑选**：挑选西瓜时，以果柄色泽鲜绿，果肉结实且纹路明显，瓜籽具有光泽者为佳。

❷ **清洗**：稍微清洗西瓜外皮后，即可切开食用。

❸ **烹调**：切开后趁新鲜食用，或将果肉榨成西瓜汁饮用。

西瓜的营养成分表

主要营养成分	每100克中的含量
脂肪	0.1克
维生素E	0.1毫克
维生素C	4毫克
胡萝卜素	0.21毫克
烟酸	0.3毫克

■ 食用方法

❶ **糖尿病患者需注意食用量**：西瓜含有大量糖分，糖尿病患者需注意食用量。

❷ **月经期间的女性不要吃太多**：胃肠虚寒的人或是处于月经期的女性都要避免过量食用西瓜，以免胃肠受寒，引发不适症状。

降血压 + 润肠通便

促进血液循环 + 清肠排毒

西瓜水梨汁

1人份

营养分析档案

- 热　量：198.6千卡
- 糖　类：44.2克
- 蛋白质：3.2克
- 膳食纤维：4.4克
- 脂　肪：1.0克

材料

西瓜……400克
水梨……200克

做法

1. 将水梨洗干净，去皮与核，切块。
2. 将西瓜去皮，果肉切块。
3. 将水梨块与西瓜块放入果汁机中打成果汁即可。

吃出食疗力

　　西瓜中富含维生素C和水分，能清热解毒；含有丰富的矿物质，能提高人体的代谢能力；所含膳食纤维能润肠通便，清除体内毒素，也有助于降血压。

冰镇鲜果汽水

2人份

营养分析档案

- 热　量：350.1千卡
- 糖　类：79.6克
- 蛋白质：4.8克
- 膳食纤维：6.0克
- 脂　肪：1.4克

材料

西瓜……300克　　桃子……2个
葡萄……100克　　汽水……500毫升
西红柿……2个

做法

1. 将西瓜去皮，葡萄洗净，与西瓜分别榨汁，一半果汁放入冰箱冷冻做成冰块，其余果汁备用。
2. 将桃子与西红柿洗净、去皮，切成小片。
3. 将葡萄汁与西瓜汁加入汽水中调匀。
4. 将西瓜冰、葡萄冰从冰箱取出，放入果汁汽水中。
5. 放入桃子片与西红柿片，略拌即可。

吃出食疗力

　　西瓜、西红柿、葡萄都有绝佳的清肠功效，有助于清热解暑，还能清除肠道中的毒素。上述水果都属于碱性食物，其丰富的矿物质成分能促进血液循环，有助于降血压。

Point 调节气血养生谷物

糯米 Glutinous Rice

● **别名**：江米、元米

● **性质**：性温

糯米保健功效
- 保护血管
- 促进新陈代谢
- 温暖四肢
- 调节血压
- 补充体力
- 稳定情绪
- 安神
- 促进血液循环

○ 适用者
- 贫血患者
- 腹泻患者
- 神经衰弱患者

✗ 不适用者
- 消化不良者

糯米的食疗效果

糯米的维生素E能促进血液循环，调节新陈代谢，有利于保护血管健康，改善手脚冰冷的症状。

贫血患者可通过食用糯米，来达到调节气血的目的。钾能调节血压，保护血管健康。糯米含有多种微量元素，体虚多病者也可多食用糯米来帮助恢复体力。

糯米还有助于调节情绪、缓解压力，有安神的功效。

糯米的营养价值

❶ **多糖**：糯米中的多糖能转化成葡萄糖，为人体提供能量，并使人体保持充沛的活力。糖类摄取充足，能使脑细胞获得充足能量，使人思维更敏捷。

❷ **B族维生素**：糯米中的维生素B_1能提振食欲，有恢复活力的作用。B族维生素还能维护神经系统，并提高人体的代谢及消化能力。

❸ **钙**：糯米中的钙有助于减轻压力，放松紧张情绪。此外，钙还具有良好的安神与镇静疗效。

■ 选购达人

❶ **挑选**：挑选糯米时，应该选择米粒饱满、呈透明状者。白糯米颜色要白，黑糯米的颜色要深黑，以没有虫蛀痕迹、没有异物混杂者为佳。

❷ **清洗**：先把糯米倒入清水中轻轻拨动，反复清洗3次。

❸ **烹调**：烹调糯米前，最好先将糯米放在清水中浸泡约2小时，如此不仅能帮助消化，还能缩短烹煮的时间。

糯米的营养成分表

主要营养成分	每100克中的含量
热量	350千卡
膳食纤维	0.8克
脂肪	1.0克
维生素B_1	0.11毫克
磷	113毫克

■ 食用方法

❶ **贫血者食用可补充体力**：贫血者食用糯米可补充体力，体质虚弱或疲乏者也可以多食用糯米来调理身体。

❷ **不宜多吃糯米的人群**：婴幼儿、老年人、消化能力较弱者应避免吃太多糯米，以免引起消化不良。咳嗽与发热患者，也要避免食用糯米。

恢复体力＋补充气血

提供能量＋增强免疫力

枸杞子糯米粥 （3人份）

营养分析档案

- 热　量：382.9千卡
- 糖　　类：84.4克
- 蛋白质：9.1克
- 膳食纤维：1.7克
- 脂　肪：1.0克

材料

糯米……100克
枸杞子……8克

做法

❶ 将枸杞子与糯米清洗干净，糯米放在清水中浸泡1~2小时。

❷ 将枸杞子、糯米放入锅中，加入适量清水熬煮成粥即可。

吃出食疗力

　　枸杞子含有维生素C，有助于人体抗氧化；糯米中的多种矿物质与维生素能补充人体能量；糯米中的铁能补充气血。食用此道粥品有助于恢复体力，并增强身体的抵抗力。

滋补灵芝饭 （2人份）

营养分析档案

- 热　量：298.5千卡
- 糖　　类：66.7克
- 蛋白质：6.3克
- 膳食纤维：0.2克
- 脂　肪：0.7克

材料

灵芝……4片
糯米……80克

调味料

白糖……1小匙

做法

❶ 将灵芝洗干净，放入棉布袋中，以棉绳系紧，加热水冲泡10~20分钟后，过滤出汤汁。

❷ 将糯米清洗干净，放入清水中浸泡1~2小时后捞出，加清水放入电饭锅中蒸熟。

❸ 待糯米快熟时淋上灵芝汁，加入白糖调味即可。

吃出食疗力

　　灵芝中含有氨基酸与蛋白质，并含多种维生素，能提高人体的免疫力。糯米中的B族维生素能增强人体的代谢能力，多种矿物质能为人体提供能量，维生素E能促进新陈代谢。

紫米 *Purple Rice*

- **别名：** 紫糯米、紫珍珠

- **性质：** 性温

紫米保健功效

- 提高活力
- 恢复元气
- 消除疲劳
- 增强免疫力
- 改善气色
- 促进血液循环
- 安定情绪
- 缓解焦虑

○ 适用者

- 一般人
- 大病初愈者
- 贫血患者
- 高胆固醇血症患者
- 神经衰弱者

✖ 不适用者

- 消化功能低下者

紫米的食疗效果

紫米含有维生素B₁、维生素B₂、维生素B₆与烟酸，可促进代谢，能帮助糖类、脂肪与蛋白质转化为能量。

紫米所含维生素E能促进血液循环，提高人体的新陈代谢能力，还有抗氧化的作用，有利于改善手脚冰冷的症状；所含的镁能参与人体的新陈代谢，为人体提供能量。

紫米中丰富的矿物质有助于安定情绪，缓解焦虑。

紫米的营养价值

❶ **镁：** 镁能维持神经的正常功能，改善因压力引发的肌肉紧绷症状。

❷ **锌：** 紫米中也含有锌，锌参与人体组织蛋白的合成与修护，也是胰腺生成胰岛素的必需营养素。

❸ **维生素E：** 紫米中的维生素E是良好的抗氧化物，能抑制自由基在体内活动。维生素E也能促进血液循环，具有良好的抗衰老作用。

■ 选购达人

❶ **挑选：** 挑选紫米时，以米粒饱满，没有虫蛀痕迹，色泽深紫且均匀，没有异物混杂者为佳。

❷ **清洗：** 烹调紫米前，最好先将紫米放在清水中浸泡约4小时。

❸ **烹调：** 不要以冷自来水煮紫米，因为氯气会破坏维生素B₁。最好用烧开的水煮紫米，以免营养流失。

紫米的营养成分表

主要营养成分	每100克中的含量
热量	341千卡
膳食纤维	3.9克
维生素E	0.22毫克
镁	147毫克
锌	3.8毫克

■ 食用方法

❶ **食用紫米粥可补充体力：** 贫血患者食用紫米可补充体力，有痛经症状的女性可饮用紫米粥来改善痛经症状，青少年与儿童也可食用紫米桂圆粥来增强体力。

❷ **消化功能较弱者要少吃：** 婴幼儿、老年人、消化能力较弱者应避免吃太多紫米，以免引起消化不良。咳嗽与发热患者也要避免食用紫米。

改善痛经 + 促进血液循环

姜汁紫米粥

营养分析档案

- 热　量：600.0千卡
- 糖　类：121.2克
- 蛋白质：16.5克
- 膳食纤维：6.2克
- 脂　肪：5.5克

材料　　　　　**调味料**
紫米……150克　　红糖……1匙
山楂……3克
陈皮……1克
姜汁……1/3杯

做法

1. 将紫米清洗干净，放入锅中，用清水中浸泡4小时后捞出，加入清水熬煮成粥。
2. 将山楂、陈皮加入清水中，煎煮成浓汁。
3. 将山楂陈皮汁、姜汁加入紫米粥中，并加入红糖拌匀，煮滚即可。

吃出食疗力

紫米能补益气血，姜汁能促进血液循环。这道粥品十分温和，有补益身体的功效，还有缓解痛经、改善风寒感冒症状的作用。

提高活力 + 预防贫血

紫米桂圆红枣粥

营养分析档案

- 热　量：742.9千卡
- 糖　类：149.2克
- 蛋白质：21.1克
- 膳食纤维：8.2克
- 脂　肪：6.8克

材料
紫米……180克
桂圆……25克
红枣……8颗

做法

1. 将紫米清洗干净。
2. 将桂圆、红枣清洗干净，与紫米一起放入锅中加入适量清水，以大火熬煮。
3. 煮滚后改以小火煮成粥即可。

吃出食疗力

紫米中含有丰富的铁，能补充气血；所含黄酮类化合物能促进血红蛋白的合成，有利于保护心血管，并改善贫血症状。红枣中丰富的维生素C能增强人体抵抗力。多食用此粥能补充体力，使人保持充沛活力。

145

红枣 *Chinese Jujube*

- **别名**：大枣
- **性质**：性温

红枣保健功效
- 养血补血
- 改善贫血
- 抗氧化
- 减轻紧张感
- 改善气色
- 改善消化不良
- 滋补胃肠
- 恢复元气

○ 适用者
- 一般人
- 体质虚弱者
- 女性
- 病后初愈者
- 经常熬夜者

✗ 不适用者
- 肥胖的人

红枣的食疗效果

红枣是温和的滋补佳品，含有丰富的铁，能补血、养血，有助于改善贫血症状。

红枣中的维生素C含量丰富，能抗氧化，并能活化免疫系统，有助于增强人体抵抗力。

红枣含有丰富的矿物质，能安定情绪，也能减轻紧张感，对神经衰弱症状有改善作用。红枣也有滋补胃肠的功效，能消除疲劳，缓解消化不良的症状。

红枣的营养价值

❶ **铁**：红枣中含有丰富的铁，能补充气血，并有养血功效，可帮助气虚体弱者恢复元气。铁也有助于肿瘤患者恢复体力。

❷ **蛋白质**：蛋白质是构建细胞和组织的重要营养物质。充足的蛋白质能补充人体元气，还能增强免疫力，促进伤口愈合。

❸ **钙**：钙是安定神经的重要营养素，能有效缓解情绪，使人心情放松，消除紧张、焦虑。

■ 选购达人

❶ **挑选**：挑选红枣时，应该选择外表具有光泽，果肉完整且饱满者。避免选购外形有过多皱褶，果肉干瘪萎缩者。

❷ **清洗**：清洗红枣时，应将红枣放在清水中浸泡片刻，然后冲洗掉外皮的脏污与灰尘即可。

❸ **烹调**：将红枣直接加入清水中烹煮成茶饮，或去核后做成甜品或小炒等，都很适宜。

红枣的营养成分表

主要营养成分	每100克中的含量
脂肪	0.3克
膳食纤维	1.9克
蛋白质	1.1克
烟酸	0.86毫克
维生素C	243毫克

■ 食用方法

❶ **煮成茶或粥**：大病初愈的人可以多食用以红枣烹煮的茶饮、粥品来补充体力。红枣中的维生素C与多种抗氧化剂能帮助人体恢复元气，并有助于增强抵抗力。

❷ **炖煮时剥开红枣**：在炖煮时剥开红枣，能使其释放出更多的营养素，增强食欲、止泻、补充身体元气的功效也会更明显。

强身健体＋补血明目

提高抵抗力＋改善气色

红枣枸杞子茶 （1人份）

营养分析档案

- 热　量：118.8千卡
- 糖　类：27.4克
- 蛋白质：1.9克
- 膳食纤维：3.8克
- 脂　肪：0.2克

材料

红枣……10颗
枸杞子……1大匙

做法

① 将枸杞子与红枣清洗干净，放入杯中。
② 以滚水冲入杯中，浸泡5分钟即可。

吃出食疗力

　　红枣含有丰富的维生素C，能提高人体的抵抗力，并有补充体力的作用；所含的铁能补血。枸杞子中的维生素C能与红枣共同作用，发挥补益身体的功效。

花生红枣粥 （2人份）

营养分析档案

- 热　量：704.7千卡
- 糖　类：106.6克
- 蛋白质：21.1克
- 膳食纤维：9.1克
- 脂　肪：21.6克

材料

花生……50克
红枣……50克
糯米……80克

调味料

冰糖……1小匙

做法

① 将花生、红枣清洗干净；糯米放在水中浸泡1~2小时。
② 将花生、糯米、红枣放入锅中，加入适量清水煮成粥，加入冰糖调味即可。

吃出食疗力

　　红枣中的铁能补血，有补充体力的作用；糯米中含有多种维生素与矿物质，能增强体力，并有助于提高人体的抵抗力。需注意的是，若过量食用红枣，容易导致水分滞留体内，引起水肿。

山药 *Chinese Yam*

● 别名：淮山、薯蓣、山芋

● 性质：性平

山药保健功效

- 保护血管
- 预防动脉硬化
- 帮助消化
- 调节血糖
- 保护肾脏
- 增强免疫力
- 提振食欲

○ 适用者

- 一般人
- 免疫功能低下者
- 糖尿病患者
- 心血管疾病患者

✗ 不适用者

- 易胀气者

山药的食疗效果

山药中最为熟知的营养物质就是黏蛋白，其能增强血管弹性，有利于防治动脉硬化。

黏蛋白还能预防结缔组织萎缩，预防风湿性关节炎，也具有滋润与补肾功效，体质虚寒、容易手脚冰冷者适合食用山药。

山药中含有薯蓣皂苷，它是一种天然激素，可改善更年期的不适症状，预防自体免疫性疾病和癌症。

山药的营养价值

❶ **黏蛋白**：山药中含有丰富的黏蛋白，这是由蛋白质与多糖组成的物质，具有保持血管弹性的作用，还可预防动脉硬化，也能控制血糖。

❷ **薯蓣皂苷**：山药中的薯蓣皂苷具有滋润作用，能改善咳嗽、痰多的症状，并可补充体力。

❸ **锗**：山药中含有一种微量元素锗，有助于抑制癌细胞增殖或转移，是保护人体、对抗癌细胞的营养素。

■ 选购达人

❶ **挑选**：挑选山药时，以有须根，没有干枯现象，表面光滑、颜色均匀者为佳。

❷ **清洗**：先稍微清洗外皮，再削皮，之后即可烹调食用。

❸ **烹调**：调理山药时最好戴上手套再削皮。因为山药含有一种植物碱，容易使人手部发痒。

山药的营养成分表

主要营养成分	每100克中的含量
蛋白质	1.9克
膳食纤维	0.8克
脂肪	0.2克
维生素C	5毫克
烟酸	0.3毫克

■ 食用方法

❶ **更年期女性食用可调节内分泌**：山药中含有植物性雌激素，适合更年期女性食用，能帮助缓解更年期不适症状，对于改善内分泌失调也有帮助。

❷ **不宜吃太多山药的人群**：山药具有良好的补益功效，且具有收敛作用，燥热体质者、患有严重便秘者与胃肠容易胀气者，均不宜吃太多山药，以免使症状加重。

 提高记忆力 + 使气色红润

 保护血管 + 轻体瘦身

山药红枣泥

营养分析档案

- 热　量：777.1千卡
- 糖　类：155.5克
- 蛋白质：11.5克
- 膳食纤维：16.9克
- 脂　肪：12.1克

材料

山药……300克
红枣……180克

调味料

白糖……10克
橄榄油……1大匙

做法

1. 将山药洗干净，放入水中煮熟，去皮后捣成泥。
2. 将红枣去核，蒸熟后捣成泥。
3. 将橄榄油放入锅中烧热，加入红枣泥与山药泥一起拌炒，加入白糖拌匀，等到水分炒干后，再加入橄榄油炒匀即可。

吃出食疗力

　　山药是补脑的圣品，所含营养物质参与脑细胞的代谢，可改善大脑的记忆功能；其所含的多糖与黏蛋白能提高免疫力。红枣富含铁，能使人气色红润。

山药生菜色拉

营养分析档案

- 热　量：99.7千卡
- 糖　类：18.9克
- 蛋白质：1.9克
- 膳食纤维：1.5克
- 脂　肪：1.8克

材料

山药……70克
生菜……3大片

调味料

酱油……1大匙
醋……1大匙
白糖……1/2小匙

做法

1. 将生菜清洗干净，撕成大片。
2. 将山药洗净，去皮，研磨成泥，加入酱油、醋与白糖混匀。
3. 将山药泥淋在生菜叶上即可。

吃出食疗力

　　生食山药能摄取丰富的淀粉，可快速清除肠道毒素；山药中的黏蛋白能保护血管，并有助于防止皮下脂肪堆积，还有增强免疫力的功效。

149

银耳 *White Fungus*

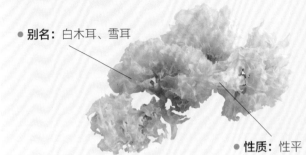

● 别名：白木耳、雪耳

● 性质：性平

银耳保健功效

- 滋润皮肤
- 保护肝脏
- 排毒
- 预防贫血
- 美容养颜
- 预防动脉硬化
- 改善便秘
- 防止老化

○ 适用者

- 一般人
- 贫血患者
- 便秘者
- 高血压患者
- 动脉硬化患者

✗ 不适用者

- 腹泻者
- 外感风寒者

银耳的食疗效果

银耳富含胶质，能滋润皮肤，还能协助人体清除废物、毒素，有强身健体的功效。银耳的酸性多糖，能增强身体免疫力。

银耳还有促进肝脏解毒的能力，还能有效防止细胞氧化及衰老。银耳中的卵磷脂可预防动脉硬化。

银耳富含胶质、膳食纤维和钙，可降低血液和肝脏中的胆固醇，有助于体内废物的排出，还能抑制血糖上升，是极佳的美容养生食材。

银耳的营养价值

❶ **多糖**：银耳中丰富的多糖能协助调节血脂浓度，也能激发免疫细胞的活力，有助于预防感染。

❷ **麦角固醇**：麦角固醇是一种类固醇，有助于抗氧化，防止人体老化。

❸ **蛋白质**：银耳中的蛋白质含有17种氨基酸，其中有7种是人体必需氨基酸。其能提高人体的基础代谢能力，并有助于人体生长发育，而且可以有效维持中枢神经系统的正常运作。

■ 选购达人

❶ **挑选**：以白色中略带黄色，肉质厚且大朵，蒂小且无杂质者为佳。若摸起来黏黏的，表示已变质。

❷ **清洗**：清洗银耳时，应该先以清水冲洗，然后浸泡于温水中，待银耳泡软后，再将蒂部切除。

❸ **烹调**：烹调银耳时，应该先使用温水将银耳泡发，并去除没有泡发的部分。

银耳的营养成分表

主要营养成分	每100克中的含量
蛋白质	10克
膳食纤维	30.4克
维生素B$_2$	0.25毫克
磷	369毫克
烟酸	5.3毫克

■ 食用方法

❶ **煮成银耳甜汤**：建议多食用以水梨和冰糖炖煮的银耳。用银耳熬煮的甜汤有良好的滋阴疗效，能养颜美容。

❷ **银耳甜汤加鲜奶**：银耳中的维生素D可促进人体对钙的吸收。喝银耳甜汤时，不妨加入鲜奶一并食用，可以提高银耳的营养价值。

 滋润皮肤 + 清肠排毒

保护肺部 + 促进代谢

美肤银耳鸡蛋羹

营养分析档案

- 热　量：104.1千卡
- 糖　类：17.5克
- 蛋白质：8.3克
- 膳食纤维：1.4克
- 脂　肪：0.1克

材料
银耳……30克
蛋清……1个
枸杞子……少许

调味料
冰糖……5克

做法

❶ 将银耳以清水洗干净，去除蒂部后泡于温水中。

❷ 将银耳捞出后放入锅中，加入清水以大火煮滚，接着转小火将银耳煮熟。

❸ 加入冰糖，并放入蛋清充分搅拌，再次煮滚后熄火，撒上枸杞子即可。

吃出食疗力

　　银耳能滋润肠道与皮肤，其丰富的矿物质能安稳情绪，放松神经；所含多糖能提高人体的抗病能力；所含膳食纤维可清除消化道中的毒素。不过咳嗽与外感风寒者应避免食用银耳，容易腹泻者也应该少吃。

莲子银耳甜汤

营养分析档案

- 热　量：306.8千卡
- 糖　类：28.3克
- 蛋白质：47.7克
- 膳食纤维：3.1克
- 脂　肪：0.3克

材料
莲子……20克
银耳……30克
红枣……10克

调味料
冰糖……5克

做法

❶ 将银耳洗干净后，放入温水中泡开，切除蒂部。

❷ 将莲子和红枣洗干净，莲子放入锅中加入清水以大火熬煮。

❸ 煮滚后改成小火，加入银耳和红枣一起熬煮，待银耳煮软后加入冰糖调匀即可。

吃出食疗力

　　银耳中的卵磷脂能促进细胞新陈代谢；所含多糖能保护血管；所含胶质可清除肠道毒素，并有助于清除肺部的毒素。莲子中的膳食纤维能提高人体代谢水平。这道甜汤具有良好的滋补功效。

Point 当主食可增加饱足感

芋头 *Taro*

● **别名**：水芋、芋艿

● **性质**：性平

芋头保健功效

● 促进消化 ● 改善便秘
● 控制食欲 ● 控制体重
● 保护牙齿 ● 预防骨质疏松
● 调节血压 ● 缓解压力

○ 适用者

● 一般人 ● 龋齿患者
● 高血压患者

✗ 不适用者

● 过敏体质者 ● 血糖偏高者

芋头的食疗效果

芋头里的淀粉与蛋白质能为人体提供足够的营养与热量。以芋头为主食，可增加饱足感，有助于控制食欲及体重。

芋头中的钾能调节血压，钙可缓解压力，氟能保护牙齿。芋头中淀粉的含量达70%以上，适合胃肠虚弱者食用。

芋头中含有的多糖类胶体可缓解便秘症状，也能增强人体免疫力。

芋头的营养价值

❶ **黏蛋白**：芋头中含有丰富黏蛋白，这种蛋白质被人体吸收后，能有效提高人体的抵抗力。

❷ **钙**：钙是人体骨骼与牙齿的主要成分，摄取充足的钙可以预防骨质疏松。

❸ **镁**：镁能促进钙被人体充分吸收，有助于强健骨骼。

❹ **膳食纤维**：芋头中的膳食纤维在肠道中能促进益生菌生长，并促进肠道蠕动，吸收水分，帮助增大便体积，并加速排便，防止代谢废物在肠道中停留。

■ 选购达人

❶ **挑选**：挑选芋头时，应该选择体积较小，表皮无蛀洞、腐烂，尖部偏红色，外皮没有伤口者。

❷ **清洗**：先清洗外皮，然后用刀子削去芋头外皮即可烹调。

❸ **烹调**：处理芋头时最好戴上手套，避免双手沾到芋头的汁液，造成皮肤过敏。也可以将芋头放入电饭锅中蒸熟后再去皮，能避免过敏。

芋头的营养成分表

主要营养成分	每100克中的含量
蛋白质	2.2克
膳食纤维	1克
烟酸	0.75毫克
维生素E	0.45毫克
维生素C	6毫克

■ 食用方法

❶ **切芋头后改善手痒的方法**：切芋头后觉得手很痒，是因为芋头中的生物碱能引起过敏反应。如果手很痒，可以倒一点白醋清洗双手，或在手上涂柠檬汁，这样能改善瘙痒症状。

❷ **吃芋头时不要喝太多水**：食用芋头时避免同时饮用大量水，以免水稀释胃液，影响消化和吸收。

提振食欲 + 保护神经

清除宿便 + 控制体重

开胃芋头粥

营养分析档案

- 热　量：604.7千卡
- 糖　　类：131.2克
- 蛋白质：13.6克
- 膳食纤维：4.1克
- 脂　肪：2.9克

材料
芋头……150克
大米……220克
桂花……少许

调味料
盐……1小匙

做法

1. 将芋头与大米洗干净。
2. 锅中放入水煮滚，放入芋头略煮后取出，将芋头外皮去除。
3. 将芋头切成小块。
4. 将大米放入锅中，加适量清水，以大火煮至半滚时，放入芋头块，改小火熬煮成粥。
5. 待芋头块煮软，加入盐调味，撒上桂花即可。

吃出食疗力

芋头含有天然的烟酸，而大米中的B族维生素能把体内的色氨酸转化为烟酸。烟酸能维持消化系统的正常运作，改善食欲不振，还可以维持神经系统及大脑功能的正常。

香葱芋头

营养分析档案

- 热　量：254.1千卡
- 糖　　类：53.4克
- 蛋白质：5.2克
- 膳食纤维：4.9克
- 脂　肪：2.2克

材料
葱……2小把
芋头……200克

调味料
盐……1/2匙
食用油……1小匙

做法

1. 将葱洗净，切成段；芋头洗净，放入电饭锅中蒸熟后取出去皮。
2. 把蒸熟的芋头切成大块，锅中放油烧热，加入芋头块与葱段一起拌炒。
3. 加入清水，搅匀后加入盐调味，盖上锅盖煮8分钟即可。

吃出食疗力

芋头中的淀粉容易被人体消化吸收，能使人产生饱足感，可抑制食欲，有利于控制体重；所含钙能保护人体骨骼健康；所含丰富的膳食纤维能促进肠道蠕动，清除宿便，有助于改善便秘症状。

芦荟 *Aloe*

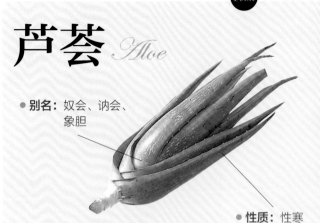

- **别名：** 奴会、讷会、象胆
- **性质：** 性寒

芦荟保健功效
- 促进消化
- 改善便秘
- 调整胃肠
- 预防皮炎
- 改善胀气
- 调节血压
- 美容养颜
- 保护心血管

○ 适用者
- 高血压患者
- 高脂血症患者
- 便秘者
- 免疫力较弱者

✗ 不适用者
- 孕妇
- 胃肠虚寒者
- 体质虚寒者

芦荟的食疗效果

芦荟中的蛋白质含有19种以上的氨基酸，能提供人体成长必需的重要营养。

芦荟中的芦荟素能增强肠道蠕动，有利于清洁肠道；所含黏多糖能促进肠道中益生菌的繁殖，有利于促进消化，改善便秘症状。

芦荟汁对于各种细菌与真菌都有抑制的作用，可杀灭皮肤表面的细菌，保持皮肤的清洁，防止皮肤发炎。

芦荟的营养价值

❶ **芦荟素：** 芦荟素是使芦荟产生苦味的独特成分。芦荟素能促进胃肠蠕动，促进脂肪与蛋白质的代谢，使食物能充分被消化，并改善便秘症状。

❷ **黏多糖：** 黏多糖能维持消化系统的稳定，有助于乳酸杆菌繁殖生长，能减少肠道内的气体，避免胀气，使肠道更为健康。

❸ **皂角苷：** 皂角苷是一种天然皂素，具有清洁与杀菌的功效。

■ 选购达人

❶ **挑选：** 挑选芦荟时，应该选择叶片深绿、新鲜，叶肉肥厚多汁，叶片没有萎缩、碰伤者。

❷ **清洗：** 清洗芦荟时，先将表皮清洗干净，然后将表皮削除，直接取用叶肉即可。

❸ **烹调：** 取芦荟叶肉，凉拌生食或加入蔬果一起打成蔬果汁饮用，都是很好的烹调方式。

芦荟的营养成分表

主要营养成分	每100克中的含量
热量	4千卡
维生素C	1.5克
水分	99.1克
钙	36毫克
钾	420毫克

■ 食用方法

❶ **饮用芦荟汁有助于整肠：** 每天早晨饮用一杯芦荟汁，能增强免疫系统功能，有助于抗癌，并具有良好的整肠功效，可改善便秘症状。

❷ **外敷时保留叶肉：** 将芦荟用作外用敷剂时，须保留其叶肉，因为叶肉中的木质素可以帮助养分渗入皮肤。

改善便秘＋促进肠道蠕动

健胃整肠＋延缓衰老

芦荟蔬果汁 (1人份)

营养分析档案

- 热　量：107.0千卡
- 糖　类：23.9克
- 蛋白质：1.3克
- 膳食纤维：3.7克
- 脂　肪：0.7克

材料

芦荟叶……80克
菠萝……100克
苹果……1个

做法

① 将芦荟叶洗干净，取叶肉备用。
② 将苹果与菠萝洗干净，分别去皮切块备用。
③ 将所有材料放入果汁机中打成果汁即可。

水晶芦荟拌花生 (4人份)

营养分析档案

- 热　量：2238.4千卡
- 糖　类：81.3克
- 蛋白质：105.3克
- 膳食纤维：40.7克
- 脂　肪：165.8克

材料

芦荟叶……50克
花生……400克

调味料

盐……1小匙

做法

① 将花生米放入锅中加水以小火炖煮，煮软后捞出，加盐调味。
② 把芦荟洗干净后连皮放入滚水中烫熟后取出，去皮切成小块，拌入花生中即可。

吃出食疗力

　　芦荟中的芦荟素能帮助润肠通便，苹果与菠萝中的膳食纤维能促进肠道蠕动，菠萝中的菠萝蛋白酶可促进消化与代谢。这道果汁有整肠的功效，可有效改善便秘症状。

吃出食疗力

　　芦荟中的芦荟素能促进肠道蠕动。花生中的膳食纤维可改善肠道环境，清除肠道中的毒素，并促进新陈代谢。经常食用此道料理，能健胃整肠，延缓衰老。

155

秋葵 *Okra*

- **别名**：黄秋葵、黄蜀葵

- **性质**：性寒

秋葵保健功效

- 促进消化 ● 改善肠道环境
- 调整胃肠 ● 增强体力
- 润肠通便 ● 保护肝脏
- 预防牙龈出血
- 防止胃炎、胃溃疡

○ 适用者

- 水肿者 ● 尿路感染患者
- 便秘者

✗ 不适用者

- 腹泻者 ● 胃肠虚寒者

秋葵的食疗效果

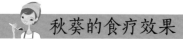

秋葵属于低脂肪与低热量的食物，富含膳食纤维与黏蛋白，易于消化。其丰富的果胶能调理肠道，促进益生菌繁殖，改善肠道环境。

秋葵中的黏蛋白能促进人体对蛋白质的吸收，具有整肠与促进消化的功效，能改善胃炎与胃溃疡症状。黏蛋白还能增强体力与耐力，并保护皮肤与黏膜的健康，也能有效保护肝脏健康。

秋葵的营养价值

❶ **果胶**：果胶具有良好的整肠效果。果胶在进入消化道后，能促进胃肠蠕动，还能吸收水分，软化粪便，帮助排便。

❷ **黏蛋白**：黏蛋白能促进人体对蛋白质的吸收，具有整肠与促进消化的功效，也能有效补充体力。

❸ **膳食纤维**：膳食纤维能促进肠道蠕动，缩短各种有毒物质在肠道中的停留时间。

■选购达人

❶ **挑选**：挑选秋葵时，应该选择大小适中，颜色呈深绿色，表面绒毛分布均匀且触感柔和者。

❷ **清洗**：清洗秋葵时，可先用盐搓洗外皮，将表面绒毛洗去后，再使用清水反复冲洗。

❸ **烹调**：加入少许油快炒秋葵，或烫熟秋葵后凉拌食用，都是不错的烹调方式。

秋葵的营养成分表

主要营养成分	每100克中的含量
热量	25千卡
膳食纤维	1.8克
维生素A	20微克
维生素C	7.2毫克
钙	101毫克

■食用方法

❶ **消化不良者适宜食用**：秋葵中含有的黏蛋白能有效保护胃壁，很适合消化不良的患者食用。秋葵的营养均衡，能增强人体免疫力，对容易食欲不振的胃肠疾病患者具有很好的滋补功效。

❷ **常腹泻者避免食用**：传统医学认为秋葵性寒，脾胃虚寒者与经常腹泻的人，应该避免食用。

保护胃肠 + 消除疲劳

凉拌糖醋秋葵 1人份

营养分析档案

- 热 量：101.2千卡
- 糖 类：19.6克
- 蛋白质：4.8克
- 膳食纤维：8.2克
- 脂 肪：0.4克

材料
秋葵……200克

调味料
白糖……1/2小匙
酱油……2小匙
醋……1大匙
香油……1小匙
姜汁……1小匙
辣椒粉……少许

做法

❶ 将秋葵洗干净，去蒂，放入锅中加入清水煮熟。

❷ 将煮好的秋葵取出，沥干水分。

❸ 将秋葵放入碗中，加入所有调味料充分拌匀即可。

吃出食疗力

秋葵富含B族维生素，可提高人体的代谢能力，并有助于消除疲劳；所含果胶能促进肠道蠕动，清除宿便，改善便秘症状；所含黏蛋白能促进消化，保护胃肠。

帮助消化 + 润肠通便

核桃炒秋葵 1人份

营养分析档案

- 热 量：185.3千卡
- 糖 类：19.1克
- 蛋白质：6.5克
- 膳食纤维：8.4克
- 脂 肪：9.2克

材料
核桃……8克
竹笋……80克
秋葵……150克
大蒜……1瓣
胡萝卜……半根

调味料
盐……1/2小匙
白糖……1/2小匙
食用油……1小匙

做法

❶ 将竹笋、胡萝卜、秋葵洗干净，竹笋、胡萝卜去皮切片；秋葵去蒂，切成厚片；大蒜去皮拍碎。

❷ 锅中放油烧热，放入竹笋片、胡萝卜片与秋葵片一起拌炒，加入蒜末、盐与白糖一起炒匀。

❸ 放入核桃拌炒均匀即可。

吃出食疗力

秋葵中的果胶能帮助消化。竹笋与核桃中的膳食纤维具有整肠的作用，可促进肠道蠕动，缓解便秘的症状。

木瓜 *Papaya*

- **别名：** 番木瓜、乳瓜

- **性质：** 性温

木瓜保健功效
- 保护眼睛
- 增强抵抗力
- 滋润皮肤
- 补脑
- 丰胸
- 美容养颜
- 提供能量
- 防治胃炎

○ 适用者
- 一般人
- 胃病患者
- 消化不良者
- 风湿性关节炎患者

✗ 不适用者
- 孕妇
- 过敏体质者

木瓜的食疗效果

　　木瓜中的酶能促进消化，有助于人体吸收蛋白质；所含胡萝卜素能增强人体抵抗力，有抗氧化的作用。

　　木瓜中的维生素A能增强人体免疫力，并可保护眼睛健康；含有的维生素C亦有助于增强人体的免疫力。木瓜还含有丰富的蛋白质，具有滋润皮肤与补脑的功效。此外，木瓜中的糖类能提供人体活动所需的能量。

木瓜的营养价值

❶ **木瓜酶：** 木瓜酶具有促进消化的作用，能有效分解蛋白质，帮助食物消化。木瓜酶还能改善消化不良症状，也有助于改善胃炎症状。

❷ **胡萝卜素：** 颜色呈橘黄色的木瓜中富含胡萝卜素。胡萝卜素是天然的抗氧化物，能抵抗氧化作用，防止自由基损害人体细胞。

❸ **蛋白质：** 蛋白质能补充人体细胞所需要的营养，使皮肤保持弹性与光泽，防止皮肤出现皱纹。

■ 选购达人

❶ **挑选：** 木瓜以外形端正饱满、果皮光滑、没有碰伤者为佳。木瓜果肉丰厚柔软、色泽鲜艳的表示水分与糖分含量较高；闻起来具有芳香气味者是较好的品种。

❷ **清洗：** 先稍微清洗木瓜外皮，再去皮及籽即可食用。

❸ **烹调：** 木瓜中的酶能分解蛋白质，去油解腻，也可帮助人体更好地消化肉食。

木瓜的营养成分表

主要营养成分	每100克中的含量
蛋白质	0.4克
维生素E	0.3毫克
维生素C	43毫克
脂肪	0.1克
烟酸	0.3毫克

■ 食用方法

❶ **木瓜催熟法：** 可用报纸将未熟透的木瓜包裹起来，放置在阴凉通风处催熟保存，等到木瓜颜色变黄时即可食用。

❷ **过敏体质者避免食用：** 过敏体质的人应该慎食木瓜。因为木瓜中含有木瓜碱，过敏体质者若食用过量，容易引起过敏。

健胃整肠＋补充营养

抗氧化＋清除宿便

木瓜牛奶

（1人份）

营养分析档案

- 热　量：147.0千卡
- 糖　类：28.7克
- 蛋白质：3.2克
- 膳食纤维：2.6克
- 脂　肪：2.2克

材料
木瓜……150克
牛奶……150毫升

做法
1 将木瓜洗净，去皮与籽后切块。
2 将木瓜放入果汁机中与牛奶一并打成木瓜牛奶汁即可。

吃出食疗力

　　木瓜中的膳食纤维能润肠通便，木瓜酶可促进食物消化，维生素C能提高人体代谢能力。多饮用木瓜牛奶，有健胃整肠的效果，有利于改善便秘。

橘香木瓜饮

（1人份）

营养分析档案

- 热　量：140.7千卡
- 糖　类：32.2克
- 蛋白质：2.1克
- 膳食纤维：5.0克
- 脂　肪：0.4克

材料
橘子……100克
木瓜……1个
柠檬汁……20毫升

调味料
蜂蜜……1匙

做法
1 将橘子与木瓜洗干净，去皮与籽，切块。
2 将橘子块与木瓜块放入果汁机中打成果汁。
3 果汁中加入柠檬汁与蜂蜜，混合均匀即可。

吃出食疗力

　　橘子与木瓜中丰富的维生素C能抗氧化；所含膳食纤维可促进肠道蠕动，清除宿便，有助于改善便秘。木瓜还含有丰富的胡萝卜素及特殊的蛋白质，前者是抗氧化物，后者有提高人体免疫力的作用。

Part 3
生活保健的素食食疗

追求健康，就从吃素开始，

9种常见生活小病痛及保健方法，

从蔬果膳食调理身体，

缓解症状，让你更美丽、更有元气！

感冒

饮食清淡，补充大量水分

感冒是一种由病毒引起的上呼吸道疾病，感冒的病毒感染范围从鼻腔到咽喉部位。每个人每天要吸入大量氧气，而氧气中可能有病毒存在。感冒发生的原因大多是人体抵抗力下降，导致免疫系统的防御功能减弱，此时空气中的相关病毒通过鼻腔进入人体而引起感冒。

病毒性感冒的类型因病毒种类不同而不同，有的人还可能在短时间内患上不同病毒引起的感冒。感冒的潜伏期为1~3天，正常情况下，感冒会在5~10天之内痊愈。

感冒最常见的症状有打喷嚏、鼻塞、流鼻涕、鼻部出现分泌物、咽喉疼痛、严重时有吞咽困难、咳嗽、声音沙哑、头痛等症状。

感冒患者饮食应以清淡为主，还需补充大量水分。多喝酸性果汁，如柳橙汁；多吃含维生素C、维生素E的食物及红色食物，如西红柿、葡萄；选择容易消化的流质食物，如蛋花粥、菜泥粥。进食方式以少量多餐为宜。

感冒者需补充的营养素

❶ 维生素C

维生素C是一种良好的抗氧化物质。当人体内维生素C浓度较高时，就能防止病毒释放出对人体有害的毒素，使身体免受病毒侵袭，从而更好地对抗感冒。

维生素C也有助于维护气管与支气管上皮细胞的完整性。如果维生素C摄取不足，支气管与气管对病毒的抵抗能力就会下降。

❷ 胡萝卜素

胡萝卜素是维生素A的前驱物，进入人体后可转化为维生素A。维生素A对人体黏膜有保护作用。所以多摄取胡萝卜素，可以降低人体感染病毒的风险。

❸ 维生素E

维生素E具有预防感冒等上呼吸道疾病的功能。在流感高发的季节，如冬季，经常食用含维生素E的食物，能预防感冒。

❹ 维生素A

人体缺乏维生素A时，可能会导致呼吸道感染，引发感冒。维生素A严重缺乏，会使免疫系统功能下降，使人体对各种病毒的抵抗力也出现减弱的现象。

❺ 大蒜素

大蒜里有一种叫大蒜素的成分，其具有杀菌作用。大蒜是很好的抗菌食材，能帮助人体对抗病毒。适量食用大蒜，有助于增强身体抵抗力。

凉拌糖醋萝卜丝

杀菌排毒＋减脂瘦身

● 热　量：87.3千卡
● 糖　类：17.3克
● 蛋白质：2.5克
● 脂　肪：0.9克
● 膳食纤维：4.9克

材料
白萝卜……180克
大白菜……80克
胡萝卜……适量

调味料
白糖……1小匙
醋……4大匙

做法
❶ 将所有材料清洗干净，去皮切细丝。
❷ 将调味料混合成酱汁后，将白菜与萝卜丝放在酱汁中浸泡2小时即可。

吃出食疗力

　　醋有杀菌作用，白萝卜与白菜含有的膳食纤维能帮助代谢毒素。此道凉拌菜能缓解感冒症状。此外，白萝卜也能促进脂肪的代谢与利用，是有助于减肥的蔬菜。

Tips 料理一点通

　　将白萝卜的外皮削干净，吃起来就不会有辛辣的味道。白萝卜靠近叶子的部位质地较硬，适合炖汤。

元气洋葱粥

提高免疫力＋预防病毒感染

● 热　量：564.1千卡
● 糖　类：123.5克
● 蛋白质：13.3克
● 脂　肪：1.9克
● 膳食纤维：2.4克

材料
洋葱……100克
大米……200克
香菜叶子……少许

调味料
盐……1/2匙

做法
❶ 将洋葱洗干净，去皮切成细丝。
❷ 将大米清洗干净，与洋葱丝一起放入锅中，加入清水煮成粥。
❸ 加入适量盐调味，撒上香菜叶即可。

吃出食疗力

　　洋葱中含有的抗氧化物硒，能使人体产生谷胱甘肽，为细胞提供充足的氧气，还能够提高人体的免疫力，具有预防病毒感染的功效。

Tips 料理一点通

　　将洋葱切开后泡冰水，或放入微波炉中短时间加热，就可以破坏洋葱里的化学成分，这样切洋葱时就不会流泪了。

贫血

补充含铁食物，帮助补血

贫血是指血液中的血红蛋白或红细胞低于正常值的状态。造成贫血的原因很多，各种慢性疾病或营养不均衡都有可能引发贫血。贫血患者在采用食疗之前，应先经医师诊断评估，以免延误治疗。

女性月经期失血是女性容易罹患贫血的原因之一。月经期流失较多血液，会导致身体内的铁不足，若加上平日营养摄取不均衡，体内的血液循环不顺畅，就会引发贫血症状。

身体内的血红蛋白减少或红细胞数量不足，血液无法为人体输送足够的新鲜氧气，体内营养无法转化为能量，人体就容易出现头晕目眩、脸色苍白、呼吸困难、嗜睡、手脚冰冷、容易疲倦等症状。

贫血者需补充的营养素

❶ 铁

铁是改善贫血所需的首要营养素。铁是合成血红蛋白的原料，而血红蛋白具有输送氧气的作用。人体每天都要合成新的血红蛋白，当铁不足时，就容易出现缺铁性贫血症状。

❷ 叶酸

叶酸也是与血液有关的重要营养素。叶酸属于B族维生素，主要参与人体造血，并有刺激骨髓造血的功能。人体若缺少叶酸，很容易罹患恶性贫血。

❸ 维生素C

维生素C是帮助制造血液的营养素，能促进铁被人体吸收。植物性食物中的铁被人体吸收与利用的效率较低，而铁与维生素C一起摄取，能提高人体对铁的吸收利用率。

❹ 维生素B6

血红蛋白的合成需要维生素B6的辅助。人体缺乏维生素B6会使血红蛋白合成减少，从而引起贫血。

❺ 维生素B12

维生素B12主要参与合成血红蛋白。若缺乏维生素B12时，人体就容易出现贫血症状，也会出现易感疲倦与注意力不集中等症状。

值得素食者注意的是，维生素B12主要来自动物性食物，吃全素的人较容易出现维生素B12缺乏的症状。食用蛋奶素或服用维生素B12补充剂，可解决维生素B12摄取不足的问题。

❻ 蛋白质

贫血患者应该多补充蛋白质。蛋白质是合成血红蛋白的重要原料，还能使血管保持韧性与弹性。

枸杞子炒卷心菜

预防贫血 + 美白祛斑

● 热　量：215千卡
● 糖　类：24.9克
● 蛋白质：6.0克
● 脂　肪：11.3克
● 膳食纤维：6.6克

材料
卷心菜……400克
枸杞子……10克

调味料
盐……1/2小匙　　食用油……2小匙
胡椒粉……少许

做法
❶ 将卷心菜叶片剥开，洗净切片；枸杞子略泡备用。
❷ 锅中倒入2小匙油烧热，放入卷心菜、盐、胡椒粉、水翻炒至卷心菜熟软，最后加入枸杞子炒匀即可。

Tips 料理一点通
　　因为卷心菜含有水溶性维生素，清洗或浸泡之前不宜改刀，以免营养素流失过多。

吃出食疗力
　　卷心菜中的维生素C可促进人体吸收枸杞子中的铁，对皮肤有滋润美白的作用。枸杞子具有明目、清热解毒、利尿消肿等功效。

葡萄干蒸枸杞子

补血润肤 + 防癌抗老

● 热　量：245.1千卡
● 糖　类：57.0克
● 蛋白质：6.2克
● 脂　肪：0.6克
● 膳食纤维：8.1克

材料
葡萄干……40克
枸杞子……40克

做法
❶ 将葡萄干与枸杞子清洗干净。
❷ 将葡萄干、枸杞子放入大碗中，放入蒸锅中蒸大约半小时即可。

Tips 料理一点通
　　葡萄干含铁量虽高，但是热量也高，肥胖者应该少吃。吃太多葡萄干还会引起腹泻，须注意食用量。

吃出食疗力
　　葡萄干含有丰富的铁，可改善贫血症状；其所含的多酚类物质可防止健康细胞癌变；葡萄皮中含有鞣酸，具有增强免疫力及预防心血管疾病的功效。葡萄干与枸杞子一起食用，具有补血、明目的功效。

手脚冰冷

营养均衡，改善血液循环

经常手脚冰冷是血液循环不良的症状。身体的血液流通受阻，血液无法将营养与氧气顺利输送到全身各细胞与末梢神经，就会引发手脚冰冷。

手脚冰冷有时候不只是因为血液循环不良，当外界环境变化或是罹患感冒等疾病时，手脚也会冰冷。此外，罹患心脏病、糖尿病或是贫血等疾病，也会伴有手脚冰冷的症状。

引发手脚冰冷的原因有血压低、营养不均衡、身体新陈代谢能力降低等。女性月经期流失较多血液，也会引发贫血，导致手脚冰冷。

此外，更年期引发的自主神经失调，也会导致体温调节功能出现障碍，使血液循环受阻。由全身血液循环不良引发的手脚冰冷症状，通常也会伴有腰酸背痛、脸色差、全身酸痛或肩颈僵硬等问题。

手脚冰冷者需补充的营养素

❶ 维生素E

多摄取维生素E能增强血管的韧性，保护血管的健康，并有效促进血液循环，改善身体虚冷症状。维生素E还能保持身体活力，防止人体衰老，改善慢性疲劳与全身酸痛症状，也能缓解手脚冰冷症状。

❷ 铁

导致手脚冰冷的常见原因是贫血，而铁是改善贫血所需的首要营养素。铁是合成血红蛋白的主要原料之一，充足的铁能帮助人体运送氧气，预防缺铁性贫血。

铁也是红细胞的组成成分，当红细胞中的铁充足时，就能够为大脑输送充足的氧气，从而提高大脑的工作效率。

❸ B族维生素

B族维生素能促进血红蛋白的合成，预防贫血，并改善血液循环不良的现象。

❹ 姜油酮、姜辣素

姜中的姜油酮及姜辣素可以扩张末梢血管，使阻塞的血液重新畅通，进而能温暖身体，改善手脚冰冷症状。

❺ 烟酸

烟酸可以稳定神经和循环系统，对于改善手脚冰冷相当有效。常见的富含烟酸的食材有芝麻、花生、绿豆、豆浆等，多吃些深绿色蔬菜也可以补充烟酸。

胡萝卜姜汁

温暖身体＋提高代谢能力

材料
胡萝卜……150克
姜……15克

调味料
蜂蜜……2小匙

- 热　量：99.5千卡
- 糖　类：21.1克
- 蛋白质：1.9克
- 脂　肪：0.9克
- 膳食纤维：4.5克

做法
❶ 将胡萝卜洗净去皮，切块；姜洗净去皮，磨成姜汁。
❷ 将胡萝卜块与姜汁一起放入果汁机中打成果汁，调入蜂蜜即可。

Tips 料理一点通

胡萝卜宜选形状圆直，色泽橙红，表皮光滑者。若表皮有突起的颗粒，根茎部分呈绿白色，表示品质不佳。

吃出食疗力

此饮品具有改善血液循环的作用，姜汁中的姜油酮及姜辣素能使身体温暖，提高新陈代谢能力，有助于消除血液循环障碍，改善手脚冰冷症状。

烫青椒

促进血液循环＋改善虚冷症状

材料
青椒……300克
葱段……10克

调味料
酱油、醋、香油……各1小匙

- 热　量：126.0千卡
- 糖　类：16.5克
- 蛋白质：2.4克
- 脂　肪：5.6克
- 膳食纤维：6.6克

做法
❶ 将青椒洗干净，去蒂与籽，切大块。
❷ 锅中加入清水煮滚，放入青椒块和葱段，稍微烫一下取出，放凉备用。
❸ 碗中放入调味料调匀。
❹ 将调味汁淋在青椒上，拌匀后盛盘即可。

Tips 料理一点通

青椒的品质好坏主要是看重量，越重的青椒水分越多，味道就越好。外皮具有光泽，切口新鲜，肉厚且富弹性者较佳。

吃出食疗力

青椒含有丰富的维生素以及胡萝卜素，能够促进血液循环，有助于改善虚冷症状，使身体温暖。

慢性疲劳

B族维生素可清除引起疲劳症状的乳酸

一般来说，身体长期感到疲倦，却找不出原因，就被认为是慢性疲劳。医学上对于慢性疲劳的成因至今没有定论。缺乏运动、过度依赖肉类饮食、工作过度、经常性熬夜、长期睡眠不足等，都可能导致慢性疲劳。

慢性疲劳的症状有下列几种：肩膀或全身肌肉酸痛、头痛、肩膀与颈项僵硬酸痛、身体沉重无力、有很严重的倦怠感。若无法有效消除疲劳，长期下来人体就容易罹患感冒等疾病，或者容易出现手脚易出汗、经常性全身酸痛等现象。

此外，一直伏案工作的人也很容易感到疲倦、头部发胀，甚至出现眩晕的症状。这是因为一直使用同一姿势工作，很容易造成局部肌肉乳酸堆积，时间一长，人体就很容易出现肩颈酸痛，甚至全身性疲劳的现象。

慢性疲劳者需补充的营养素

❶ 醋酸

醋酸是一种有机酸，人类很早就开始使用酒醋或酿造醋来烹调食物，醋酸有增进食欲、帮助消化、杀菌等功效。但胃病患者在食用时，应注意避免过量食用，以免加重胃部负担。

❷ B族维生素

当身体缺乏B族维生素时，肌肉就很容易出现酸痛现象，而B族维生素能帮助人体代谢乳酸。

维生素B_{12}能使人精力充沛，还参与体内蛋白质与脂肪的代谢。当体内蛋白质与脂肪代谢正常时，神经系统才能正常运作，否则人体很容易出现疲劳症状。

B族维生素还能强化酶的催化作用，并促进糖类与脂肪在人体内转化为热量。

❸ 铁

血液循环不良也是导致疲倦的原因之一，经常感到疲劳的人不妨多摄取铁，以增加血液中的氧气输送量，能有效消除疲劳。

❹ 维生素C

维生素C能帮助清除身体中的乳酸，还能清除使身体老化的自由基，使人保持活力，对抗各种压力。当体内缺乏维生素C时，就很容易罹患感冒等疾病。

❺ 烟酸

烟酸能降低血中胆固醇，促进血液循环，有效消除疲劳。此外，充足的烟酸也能减轻因压力或疲劳引起的头痛症状。

醋味黄豆芽

缓解疲劳 + 恢复活力

 1人份

- 热　量：60.4千卡
- 糖　类：4.7克
- 蛋白质：8.5克
- 脂　肪：0.8克
- 膳食纤维：3.6克

材料

黄豆芽……120克

调味料

醋……30克

做法

❶ 将黄豆芽洗干净，放入锅中，加醋慢慢煮。

❷ 以小火将黄豆芽焖熟即可。吃时可配上洗净的西红柿片、罗勒叶等，以吸收更全面的维生素。

Tips 料理一点通

黄豆芽本身就会出水，烹调的时候水不必加太多，这样也可以避免冲淡黄豆芽特有的香气及甜味。

吃出食疗力

豆芽中含有的丰富维生素C能缓解疲劳，增强免疫系统功能；所含丰富的矿物质能提高人体的代谢能力，帮助恢复活力。

高纤蔬菜汤

增强体力 + 美容护肤

1人份

- 热　量：173.1千卡
- 糖　类：33.0克
- 蛋白质：7.8克
- 脂　肪：1.1克
- 膳食纤维：7.6克

材料

胡萝卜……50克
洋葱……1个
土豆……30克
豌豆、芹菜……各40克

调味料

盐……1小匙　　蔬菜高汤……500毫升

做法

❶ 将所有材料洗净，去皮切块。

❷ 将蔬菜放入锅中，加入蔬菜高汤以大火炖煮。

❸ 煮滚后转小火炖煮，食材熟后加盐调味即可。

Tips 料理一点通

芹菜叶较易残留农药，且味道苦涩。若要食用芹菜叶，应先将茎叶分离，叶片用流动的清水冲洗后，再用滚水烫一次。

吃出食疗力

蔬菜是维生素C的主要食物来源，维生素C能缓解疲劳，促进体内胶原蛋白的合成，使皮肤光滑有弹性。豌豆能提供丰富B族维生素，有利于增强体力与免疫力。

压力过大

多吃降压食物消除压力

　　压力是人体在某种环境下产生的适应该环境的反应状态。初期的压力对身体造成的影响较小，仅会产生出汗、心跳加快、血压升高以及手脚冰冷等症状。

　　较大的压力则会影响神经系统，使身体各器官产生更强烈的反应，如出汗量增加、心跳越来越快、头痛、腰酸背痛、颈项僵硬、呼吸急促以及尿频等。压力日积月累，会使身体产生各种负面反应，如食欲不振、便秘、腹泻、失眠、经常性的疲劳等。

　　人若无法排解压力，长期下来就会影响内分泌系统、神经系统、消化系统的正常运作，严重者还会引起高血压、心脏病、胃溃疡以及呼吸系统疾病。

　　多吃抗压食物能提升身体的抗压指数，从而在无形中化解压力。抗压食物如橘子中富含柠檬酸，能协助人体合成肾上腺皮质激素，以对抗压力。

压力过大者需补充的营养素

❶ 维生素B₂

　　B族维生素中的维生素B₂是减压的重要营养素，能帮助维持神经系统的稳定，并可保护眼睛健康，使眼睛保持明亮。

❷ 维生素B₆

　　维生素B₆是缓解压力、稳定情绪的营养素。维生素B₆可以维持脑细胞的正常功能，参与糖类的代谢，并有助于消除焦虑情绪。

❸ 叶酸

　　B族维生素是消除压力的首要营养素，能稳定情绪、放松神经。叶酸也属于B族维生素，如果缺乏叶酸，大脑血清素的释放就会减少，人就容易焦躁不安。

❹ 维生素C

　　肾上腺皮质激素是对抗压力的重要激素，而维生素C可以促进肾上腺皮质激素的合成，进而起到放松神经、缓解压力的作用。

❺ 镁

　　充足的镁能舒缓情绪，帮助肌肉放松，维持正常心率。人体缺乏镁，神经系统的稳定性会被破坏，人容易感到紧张，变得暴躁。

❻ 钙

　　钙能消除焦虑，抚平暴躁情绪。人体长期缺钙会导致神经系统无法正常运作，神经无法放松，人就容易出现失眠症状。

香蕉牛奶

稳定情绪 + 调节血压

1人份

- 热　量：202.2千卡
- 糖　类：36.2克
- 蛋白质：5.0克
- 脂　肪：4.2克
- 膳食纤维：1.3克

材料
香蕉……2根
牛奶……200毫升

做法
❶ 将香蕉去皮，切块。
❷ 将香蕉块放入果汁机中，加入牛奶一起打成果汁即可。

Tips 料理一点通

香蕉宜存放在10～25℃的环境下，高温易使香蕉过熟变色，低温则会使香蕉出现冷害现象，因此香蕉不能放在冰箱中冷藏。

吃出食疗力

香蕉中含有丰富的镁，具有稳定情绪的作用，并能使肌肉放松，心情愉悦。香蕉中的钾还有调节血压的作用，能帮助降血压与保护血管。

舒压花生燕麦粥

增强大脑活力 + 缓解压力

1人份

- 热　量：310.3千卡
- 糖　类：31.7克
- 蛋白质：11.0克
- 脂　肪：15.5克
- 膳食纤维：6.6克

材料
燕麦……30克
花生……30克

调味料
冰糖……1小匙

做法
❶ 将花生清洗干净，放入锅中加水以小火炖煮。
❷ 等花生煮软后，加入燕麦再煮5分钟，加入冰糖拌匀即可。

Tips 料理一点通

烹调前可以用温水将花生浸泡5分钟，这样能缩短烹调时间，避免营养素受到破坏。

吃出食疗力

燕麦中含有丰富的B族维生素，能恢复大脑活力，稳定情绪，有效减轻压力。花生中丰富的蛋白质能增强大脑活力，缓解大脑疲劳。此粥品可以有效缓解压力，防止脑细胞老化。

排毒

蔬果饮食改善体质、净化身体

大致上，毒素的来源可以分为两种，一种是人体新陈代谢产生的废物，另一种则来自外界环境，如空气、食物、压力等间接地使人体产生毒素。

饮食习惯不好，或经常摄取过多脂肪，会使体内堆积过多脂肪与糖分，进而导致体内胆固醇增加。另外，酒精与香烟会增加人体中尼古丁与酒精含量。各种毒素堆积越来越多时，人体就容易出现病变。

如果饮食中缺乏膳食纤维，肠道就会累积毒素，各种毒素长期累积，不仅会引起各种慢性疾病，还会使人体形成容易患病的体质。

常吃蔬菜可以帮助人体排毒。若实行排毒减脂的蔬果素食生活方式，从内部而言，可以改善体质、净化身体，清除堆积在体内的毒素；从外在而言，可以重塑体形，"消灭"赘肉，打造苗条身材。

排毒需补充的营养素

❶ 果胶

排毒功效最好的营养素就是果胶，果胶是一种可溶性膳食纤维，普遍存在于蔬菜与水果中。

果胶在进入消化道后，会吸收肠道内的水分，软化粪便，有助于排便。因此充分摄取果胶可减轻便秘症状。富含果胶的食物有苹果、柑橘、红薯、秋葵等。

❷ 维生素A

食用含有维生素A的食物能有效消除金属污染对身体造成的伤害。维生素A也是良好的抗氧化物，能保护细胞，防止细菌与病毒的侵入，有效预防感冒。

胡萝卜素在人体内可转化为维生素A，因此也是良好的抗氧化物，有助于对抗自由基对于人体的伤害。

❸ 维生素C

维生素C是水溶性维生素，在水中很容易流失，所以必须每日补充。它能促进胶原蛋白合成，提高免疫力，抗氧化，美白及滋润皮肤。

维生素C能提高身体新陈代谢能力，促进毒素排出，还有抗氧化作用，能清除自由基。

❹ 维生素E

维生素E是脂溶性维生素，因抗氧化与延缓衰老作用而为人熟知，它可清除体内自由基，有助于延缓衰老。

除了抗老防衰外，维生素E还有降血脂、防止血管硬化的作用。

黄豆魔芋排毒粥

清洁肠道 + 高纤排毒

● 热　量：429.8千卡
● 糖　类：78.7克
● 蛋白质：17.4克
● 脂　肪：5.3克
● 膳食纤维：12.5克

材料
魔芋……100克
黄豆……30克　大米……80克

调味料
盐……少许

做法
❶ 将魔芋洗净切成大块；黄豆放入水中浸泡半天。
❷ 锅中放入清水与大米，以大火煮滚，加入黄豆，再以小火煮约10分钟。
❸ 加入魔芋一起煮约5分钟，加盐调味即可。

吃出食疗力

魔芋中含有丰富的膳食纤维，能增加饱足感，有助于代谢毒素与脂肪；黄豆能降低胆固醇，所含膳食纤维能促进肠道毒素的代谢。多吃此粥能保护肠道健康。

Tips 料理一点通

浸泡黄豆时，水一定要没过黄豆，以免水分被吸干，黄豆不能充分泡软。

胡萝卜清炖海带

抗老化 + 利尿通便

● 热　量：66.8千卡
● 糖　类：13.9克
● 蛋白质：1.6克
● 脂　肪：0.6克
● 膳食纤维：5.8克

材料
海带结……150克
胡萝卜……50克

调味料
盐、白糖、酱油、食用油……各1小匙

做法
❶ 将海带结泡水2小时，再以清水冲洗干净。
❷ 将胡萝卜洗干净，去皮切厚片。
❸ 锅中放油烧热，加入3杯水烧开。
❹ 放入胡萝卜块、海带结、盐、白糖、酱油拌匀。
❺ 炖煮约10分钟，熄火后撒上香菜即可。

吃出食疗力

海带中的膳食纤维有助于排便，改善便秘症状，钾能利尿。胡萝卜中的果胶是可溶性膳食纤维，胡萝卜素能保护人体免受自由基伤害，在抗老化方面也很有帮助。

Tips 料理一点通

海带以呈深褐色或墨绿色，叶宽且厚实，表面布满白霜为佳。白霜不易拍散者，表示已受潮，不建议购买。

增强免疫力

补充蛋白质，增强抵抗力

人体的免疫系统由骨髓、脾脏、胸腺、淋巴等组成，主要负责识别、消灭、清除外来的细菌、病毒以及体内不健康的细胞。免疫系统正常时，外来细菌或病毒不易入侵人体。若人体的免疫系统失去平衡，细菌或病毒就会侵袭人体，引起各种疾病。

人体过度疲劳或营养失衡时，免疫系统的功能会下降，这时人体如果接触细菌或病毒，就可能出现各种病症。

由此可见，增强人体的免疫力十分重要。平常可通过饮食来增强免疫力，多食用对身体有益的食物，能刺激免疫系统，使其正常运作以保护身体。

多吃新鲜的蔬菜、水果，尤其是富含蛋白质的食物，减少食用高脂食物，才可以增强身体对病原体的抵抗力。炒菜时可以多使用大蒜，大蒜中的硫化物可以刺激免疫细胞增殖，也可以使用一些香料，如姜、小茴香、丁香等来对抗病原体。

增强免疫力需补充的营养素

❶ 膳食纤维

素食中含有大量的膳食纤维，膳食纤维能刺激肠道蠕动，减少排泄物在肠道内的停留时间，加速废物排出体外，间接预防结肠癌。

❷ 硒

硒是一种矿物质，是肝细胞合成的抗氧化酶的主要成分。饮食中缺硒，可能会增加心血管疾病与贫血的发病率。

❸ 镁

镁是人体细胞的必要营养素，还参与体内多种生理反应。如果体内缺镁，可能会引起高血压及肌肉痉挛等症状。富含镁的代表食材是绿叶蔬菜。

❹ 维生素C

维生素C主要参与体内激素、胶原蛋白、胆固醇、神经传导物质的合成。胶原蛋白是细胞与细胞间的结合物质，肌肉、器官、骨骼、韧带都需要胶原蛋白来连接。

❺ 胡萝卜素

胡萝卜素是维生素A的前驱物，维生素A主要为人体免疫功能、视觉形成、基因表达、生殖、胚胎发育、人体生长所必需。多补充含胡萝卜素的蔬菜，可以预防体内维生素A缺乏。

❻ 维生素E

维生素E是抗氧化物，能防止自由基对细胞的损害，具有良好的抗衰老作用。

油菜烩香菇

强身健体＋提高免疫力

● 热　量：80.7千卡
● 糖　类：13.4克
● 蛋白质：5.3克
● 脂　肪：0.7克
● 膳食纤维：6.1克

材料

油菜……50克　　姜末…4克
香菇……2朵　　　葱末…2克

调味料

盐、香油…各1/2小匙　酱油、食用油…各1匙
高汤…1杯半

做法

① 将油菜洗净切段；香菇泡软，洗净去蒂。
② 油锅烧热，放入葱末与姜末爆香。
③ 放入高汤、酱油与盐，加入香菇块与油菜段一起拌炒。
④ 略煮3分钟，加入香油略炒即可。

Tips 料理一点通

料理油菜时，可先剥掉外叶再洗；根部易藏污泥，可以先切掉根部再洗。

吃出食疗力

香菇中含有多糖，能提高人体免疫力，有清热解毒的作用。香菇能降低血糖与血脂，使人体血液保持清洁。

热炒木耳白菜

保护肠道＋帮助消化

● 热　量：53.8千卡
● 糖　类：9.4克
● 蛋白质：2.7克
● 脂　肪：0.6克
● 膳食纤维：6.8克

材料

黑木耳……80克
大白菜……180克
葱段……4克
红椒丝……少许

调味料

盐……1/2小匙　酱油、食用油……各1匙

做法

① 将大白菜洗净，切块；黑木耳泡软后清洗干净，撕成小朵。
② 油锅烧热，放入葱段爆香。
③ 放入大白菜块、红椒丝与黑木耳，加入盐、酱油一起拌炒。
④ 大白菜块炒软入味即可。

Tips 料理一点通

干黑木耳买回后先泡开，但是水温不宜太高，以免破坏营养，降低黑木耳的营养价值。

吃出食疗力

黑木耳中含有多糖，能提高人体免疫力，预防恶性肿瘤发生。大白菜中含有膳食纤维与蛋白质，能促进胃肠蠕动，预防大肠癌，有利于保护肠道健康。

视力保健

维生素A保护眼睛，预防干眼症

人们每天长时间使用双眼来阅读、看电视与上网，容易造成视觉疲劳。

现代人长时间使用计算机工作，容易出现眼睛干涩，甚至视力减退的现象。长期待在有空调的环境中，空调风带走身体中的水分，导致眼睛干涩。睡眠不足也会使眼睛得不到充分休息，造成血液循环不良，进而引发眼睛干涩。

眼睛酸痛也是常见的眼部问题，尤其对于上班族、夜猫族以及老年人来说，几乎是很难避免的。长期坐在计算机屏幕前的人，若忽视眼睛保健，容易产生眼睛干涩，甚至视力模糊现象。使用计算机时，偶尔用力眨眼放松，或闭目养神，可以润滑角膜，防止眼睛干涩。

经常使用计算机的人，不妨在桌上放一杯水，可使周围空气保持湿润，避免眼睛过于干燥；工作一段时间以后，用温热毛巾轻敷眼睛，可以有效缓解眼睛的疲劳。

视力保健需补充的营养素

❶ 维生素A

过度使用双眼时，眼睛会无法分泌泪液，使眼睛表面出现干涩现象。要有效防止眼睛的干涩，平日应该多补充维生素A。维生素A能保护黏膜的完整性，并有助于滋润眼部黏膜，预防干眼症。

❷ 胡萝卜素

胡萝卜素具有保护视力的作用，它能转化为维生素A，维生素A在视网膜中与蛋白质合成一种化合物，帮助增强视网膜的感光能力。

用眼过度会消耗维生素A，还会使视力减退。摄取足够的胡萝卜素，有助于保护视力，防止细胞被氧化。

❸ 花青素

花青素是多酚类化合物，是一种蓝紫色色素。它能避免氧化物对毛细血管的侵害，促进视网膜中色素体的再生，促进视网膜的血液循环，防止黄斑功能衰退。

❹ 叶黄素

叶黄素是一种类胡萝卜素，主要存在于玉米、南瓜、菠菜等蔬果中。叶黄素能够预防因为年龄增长而引起的白内障和眼部黄斑病变。

❺ 维生素C

维生素C是保护眼睛黏膜的重要营养物质。充足的维生素C能保护眼睛内的毛细血管，有助于防止眼睛出现老化现象。

胡萝卜奶油浓汤

保护眼睛 + 抗氧化

- 热　量：135.0千卡
- 糖　类：20.0克
- 蛋白质：3.2克
- 脂　肪：4.7克
- 膳食纤维：6.1克

材料
胡萝卜……200克
口蘑……30克

调味料
盐……1/2小匙　　鲜奶油……1大匙
蔬菜高汤……2碗　香草碎……少许

做法
1. 将胡萝卜洗干净，切块；口蘑泡发去蒂，切块。
2. 锅中放入高汤烧热，将所有材料放入汤中搅拌。
3. 煮滚后加入盐与鲜奶油，撒上香草碎即可。

Tips 料理一点通

　　烹调胡萝卜时，应加入适量油脂，这样做可将脂溶性的胡萝卜素释放出来，有利于人体吸收。

吃出食疗力

　　胡萝卜中的 β-胡萝卜素是抗氧化物，也是维生素A的前驱物，可以促进眼内感光色素的生成，有保护眼睛的作用。

枸杞子黄芪明眸茶

保护视力 + 消除眼睛疲劳

- 热　量：60.2千卡
- 糖　类：13.2克
- 蛋白质：8.5克
- 脂　肪：0.8克
- 膳食纤维：3.6克

材料
枸杞子……10克
黄芪……10克
红枣……10克

做法
1. 将所有材料清洗干净，放入锅中，加入清水煎煮。
2. 煮好后去渣，取茶汁每天饮用两次即可。

Tips 料理一点通

　　煮枸杞子之前，可先用沾过水的手搓一下，如果掉色就表示以色素染过，食用前用温水稍微清洗一下比较好。

吃出食疗力

　　枸杞子中含有的胡萝卜素能转化为维生素A，保护眼睛的健康；枸杞子与红枣中的维生素C能保护眼睛的毛细血管；黄芪可有效消除眼睛疲劳，使眼睛恢复活力。

头发保养

多吃补肾养血的食物，少吃甜食

拥有一头乌黑秀发是许多人的梦想，然而受到空气污染、不良的生活作息、工作压力、不好的饮食习惯等因素影响，人们的发质经常会受损。此外，睡眠不足、饮食过于油腻、习惯肉类饮食、头发过度染烫等因素，也会使发质受损。

健康的头发往往与健康的身体息息相关，头发的健康与否能反映一个人的血液循环是否畅通。血液循环良好，就能为头发输送足够的营养，进而使头发保持乌黑亮丽；若血液循环不良，头发无法得到充分的营养，就容易出现干燥枯黄、缺乏光泽的现象。

日常食用各种食物，补充足够营养，多吃黑芝麻、糙米、黑豆、紫菜等可以补肾养血的食物，避免过量食用甜食，能防止头发脱落。

此外，压力、熬夜不但刺激头皮屑的产生，更会威胁头发的健康。所以及时缓解压力，有益于头发和头皮健康，此外，还可以通过按摩头皮，促进头皮血液循环来保养头发。

保养头发需补充的营养素

❶ 蛋白质

摄取充足的蛋白质，能为头发提供必要的营养，使发质健康有光泽。当人体缺乏蛋白质，会造成脱发，头发分叉、发黄。

❷ 维生素B₆

维生素B₆能够促进蛋白质被人体吸收、利用，使头发能吸收充分的营养，保持健康光泽。维生素B₆摄取不足时，人体容易出现头发枯黄与脱发现象。

❸ 维生素E

维生素E能对抗自由基，延缓人体衰老，也能修护头发，保护头皮健康，并有生发与乌发的作用。摄取充足维生素E，还能促进头皮的血液循环。

❹ 生物素、脂肪

生物素主要参与脂肪和蛋白质的代谢，它能促进细胞生长，有助于维护头发与皮肤的健康。

脂肪对头发健康很重要。坚果类食物含有丰富的脂肪酸，适量食用，可以使头发更有光泽。

❺ 碘、铜

碘也是美发的重要营养素，充足的碘能增强甲状腺功能，还能使头发更健康。

铜摄取不足，会使头发出现干燥枯黄的现象，严重时甚至会导致脱发。

美发核桃粥

促进血液循环 + 养发乌发

3人份

- 热 量：1278.9千卡
- 糖 类：127.7克
- 蛋白质：27.6克
- 脂 肪：73.1克
- 膳食纤维：6.3克

材料
核桃……100克
大米……200克

调味料
白糖……1小匙

做法
1. 将大米清洗干净；核桃去皮，研磨成细粉。
2. 将大米与核桃粉放入锅中，加入适量清水一起熬煮成粥，加入白糖调匀即可。

Tips 料理一点通

核桃中的脂肪酸在接触空气后很容易氧化，开封后最好尽快食用，保存时应放在密封罐中。

吃出食疗力

核桃中含有丰富的蛋白质，能为头发提供必要的营养；核桃中的维生素E能促进血液循环，有助于维持发色乌黑亮泽。

黑芝麻糊

修护细胞 + 滋养秀发

3人份

- 热 量：886.2千卡
- 糖 类：122.6克
- 蛋白质：22.2克
- 脂 肪：34.1克
- 膳食纤维：12.1克

材料
糯米……120克
黑芝麻……70克

调味料
白糖……1大匙

做法
1. 将黑芝麻放入锅中，以小火炒香。
2. 将糯米与黑芝麻分别研磨成粉后混匀。
3. 将糯米黑芝麻粉加入清水调成糊状，倒入锅中加入适量水以小火熬煮。
4. 起锅前加入适量白糖调匀即可。

Tips 料理一点通

黑芝麻连皮吃很不容易消化，将黑芝麻磨碎后食用，可以促进人体对黑芝麻中营养素的吸收，使其功效发挥得更好。

吃出食疗力

黑芝麻中含有丰富的维生素E，能促进血液循环，有利于生发与养发；糯米中含有多种微量元素，能修护头发，使头发乌黑有光泽。

Part 4
慢性病症的素食食疗

针对常见慢性疾病，

提出最有效的素食食疗建议，

20款健康对症素食佳肴，

全方位保护健康。

胃溃疡

少量多餐，口味宜清淡

精神紧张、生活节奏过快、饮食习惯不良等因素导致现代人罹患胃溃疡的概率增加。当精神紧张时，胃会分泌过量胃酸，胃酸会激活胃蛋白酶原，使之转化为胃蛋白酶，胃蛋白酶过多，会使胃黏膜受损，进而侵蚀胃壁，最后胃部或十二指肠内壁便会出现溃疡现象。

常见的胃溃疡症状有：进食后半小时出现上腹部异常疼痛的现象，疼痛持续1~2小时，等到下一次进食时又再度出现疼痛。长期的胃溃疡会引起食欲减退、身体消瘦、精神不振等症状。

在饮食方面，胃溃疡患者应避免进食咖啡、酒、胡椒、牛奶、铁补充剂等，饮食原则以少量多餐、低纤维、宜消化为主，口味宜清淡，烹煮方式以清蒸、水煮、汆烫为宜。辛辣刺激、油炸、烧烤类食物与甜食也应减少食用，以免有碍身体康复。

胃溃疡者需补充的营养素

❶ 黏蛋白

胃溃疡患者应多摄取黏蛋白。黏蛋白是一种糖蛋白，具有一定的黏性，能滋润胃黏膜，有利于保护胃壁，防止胃受到侵蚀损伤。

黏蛋白也能促进蛋白质与脂肪的消化与吸收，能缓解饮食过量引起的消化不良，也能缓解暴饮暴食引发的胃部不适。

❷ 鞣酸

鞣酸是一种存在于蔬果外皮中的多酚类化合物，具有很强的抗氧化性，也有很好的止血作用。

鞣酸能缓解胃溃疡症状，也能预防溃疡性出血。鞣酸还有杀菌与消炎的功效，可改善饮食过量引起的胃肠虚弱症状。

❸ 植物性脂肪酸

胃溃疡患者不妨适量食用含有植物性脂肪酸的食物。植物性脂肪酸能抑制胃酸分泌，并有助于减缓胃肠过度蠕动，延长胃肠排空时间。

植物性脂肪酸也能缓解食物对胃部溃疡处的刺激与伤害。

生食花生有助于摄取植物性脂肪酸。花生中的营养物质经过胃肠消化后，会在胃黏膜上形成一层保护膜，能有效避免胃酸对胃壁的侵害，帮助改善溃疡症状。

土豆保健饮

保护胃壁 + 减缓胃酸分泌

1人份

材料

土豆……2个

- 热 量：79.5千卡
- 糖 类：16.5克
- 蛋白质：2.7克
- 脂 肪：0.3克
- 膳食纤维：1.5克

做法

❶ 将土豆清洗干净，去皮切块。

❷ 将土豆块放入果汁机中，加入250毫升冷开水打成汁即可。

Tips 料理一点通

未成熟、已发芽或表皮颜色发绿的土豆，其龙葵素含量会比正常的土豆高出很多倍，如过量食用会引起中毒。

吃出食疗力

土豆中含有丰富的淀粉，有助于减缓胃酸分泌，并有保护胃壁的作用。早晚各饮用一杯此饮品，对改善胃及十二指肠溃疡症状颇有帮助。

健胃西红柿汁

改善胃病症状 + 抗氧化

1人份

材料

西红柿……1个

- 热 量：26.0千卡
- 糖 类：5.5克
- 蛋白质：0.9克
- 脂 肪：0.2克
- 膳食纤维：1.2克

做法

❶ 将西红柿洗净去蒂，放入电饭锅中蒸熟。

❷ 将蒸熟的西红柿放入果汁机中打成果汁即可。

吃出食疗力

将西红柿蒸熟，能使其所含番茄红素充分释放，有效抗氧化，营养价值更高。西红柿也含有丰富的胡萝卜素与维生素，可以缓解胃病症状。每日早、晚餐后各饮用此饮品一次，能有效改善胃溃疡症状。

Tips 料理一点通

皮薄的西红柿多用来做色拉或盘饰；皮厚的西红柿多用来做菜。

胆固醇过高

均衡饮食，每天五蔬果

胆固醇是一种脂类物质，是维持人体健康不可或缺的一种化合物，是合成胆汁酸、性激素、肾上腺皮质激素与维生素D的重要原料。

"坏胆固醇"指的是容易引起血管硬化的低密度脂蛋白胆固醇，如果从食物中摄取过量脂肪，体内血脂就会升高，并堆积在血管壁，时间一长就会引起动脉硬化。

大多数的高脂血症都没有明显症状，可说是无声的"杀手"。体内的胆固醇过高或过低都会影响健康，平时可以通过均衡饮食、正常作息，加上适当运动，使胆固醇维持在正常水平。

在心血管方面，胆固醇也有好的一面，它可以保护红细胞不受破坏，但是胆固醇过高也容易引起心血管方面的疾病。建议多吃富含不饱和脂肪酸及低胆固醇的食物，避免摄取饱和脂肪酸及反式脂肪酸，每天至少食用五种以上的水果和蔬菜。

胆固醇过高者需补充的营养素

❶ 膳食纤维

膳食纤维是对抗胆固醇的营养素。可溶性膳食纤维能吸附肠道中的胆汁酸，防止胆汁酸转化为胆固醇。

❷ 不饱和脂肪酸

油脂中的脂肪酸可分为饱和脂肪酸与不饱和脂肪酸。多摄取不饱和脂肪酸会降低血液中的胆固醇浓度，而多摄取饱和脂肪酸会增加血液中的胆固醇，因此不饱和脂肪酸有益于血管健康。植物性脂肪大多属于不饱和脂肪酸。

❸ 花青素

花青素属于植物色素，是一种抗氧化物，能帮助身体对抗自由基。富含有花青素的食物有茄子，蓝莓等。

❹ 维生素C

维生素C可促进胆固醇转化为胆酸，胆酸经由肠道排出，如此可起到降低胆固醇的目的。

高浓度的维生素C能抑制胆固醇的活性，干扰胆固醇的合成，并加速低密度脂蛋白分解，进而降低甘油三酯含量。

❺ 维生素E

维生素E有维护细胞内DNA完整性、修复受损细胞的功能，因而可避免血管内皮受损而形成硬化斑块。

维生素E还可促进脂肪分解及代谢，有助于胆固醇排泄。

凉拌西红柿黄瓜

降血压 + 防癌抗癌

● 热　量：99.2千卡
● 糖　类：11.2克
● 蛋白质：1.6克
● 脂　肪：5.4克
● 膳食纤维：1.6克

材料
黄瓜……2根　西红柿……1个
大蒜……1瓣

调味料
酱油……2小匙　香油、白糖、醋……各1小匙

做法
❶ 将黄瓜洗净切块，加盐腌渍片刻；西红柿洗净，切块。
❷ 大蒜切碎；将腌好的黄瓜块与西红柿块放入盘中。
❸ 将酱油、香油、白糖、醋与蒜末调成酱汁，淋在黄瓜块及西红柿块上即可。

 **吃出食疗力**

黄瓜中丰富的膳食纤维能吸附胆汁酸。西红柿中的钾能利尿，降血压；所含的番茄红素则有很强的防癌作用。

Tips　料理一点通

切西红柿时，若不想汤汁流出，可以顺着西红柿顶部的沟纹下刀，就能解决西红柿汁乱流的问题。

蒜泥白菜

预防血栓 + 降低胆固醇

● 热　量：133.4千卡
● 糖　类：31.8克
● 蛋白质：1.1克
● 脂　肪：0.2克
● 膳食纤维：0.9克

材料
大白菜……6片　大蒜……4瓣
红椒丝……少许

调味料
醋、白糖……各2大匙
酱油……1大匙

做法
❶ 将大白菜洗干净，切片。
❷ 将大蒜洗干净，去皮磨成泥。
❸ 将醋、酱油与白糖混合成酱汁。
❹ 把大白菜片、红椒丝放入碗中，淋上蒜泥。
❺ 将酱汁淋在大白菜上即可。

 吃出食疗力

大蒜中的大蒜素能控制体重，硫化物可以抑制肝脏中胆固醇的合成，并有助于扩张血管，预防血栓及动脉硬化。大白菜中的膳食纤维可吸收胆汁酸，降低胆固醇。

Tips　料理一点通

将大蒜切去头尾后泡水，或是直接将蒜瓣放在砧板上，以菜刀刀面用力拍碎，就能快速剥除蒜皮了。

糖尿病

严格控制糖分的摄取

当人体吸收的葡萄糖过多时，会导致体内血糖上升。人体的血糖水平升高时，胰腺会适当分泌胰岛素，使血液中的血糖水平保持正常。

若身体中的血糖长期过高，便需要依赖胰腺分泌大量胰岛素平衡血糖，长期下来人体需要更多的胰岛素才能代谢血糖，最后细胞对胰岛素的刺激就会失去反应。

细胞停止代谢血糖，致使血糖值长时间维持在偏高水平，会对人体各器官造成慢性伤害。常见的糖尿病症状有喉咙干渴、排尿次数与尿量较多、容易罹患龋齿与牙周病、皮肤发痒、脚底出现不适、小腿经常抽筋、容易疲劳等。严重时甚至容易引起身体的多种并发症，如视网膜病变、神经功能障碍、心血管病变与肾功能低下。

一旦罹患糖尿病，就应该严格控制糖分的摄取，除了少吃甜食以外，食物种类的选择也很重要，含糖量偏高的食物，如淀粉类或水果，应减少食用。

糖尿病患者需补充的营养素

❶ 膳食纤维

膳食纤维能抑制人体对葡萄糖的吸收，进而减缓血糖的上升速度。其中尤以不溶性膳食纤维的作用更显著。

在食用富含膳食纤维的食物后，食物消化的时间被延长，肠内葡萄糖的浓度也会降低，对改善糖尿病有帮助。

❷ 铬

微量元素中的铬能促进葡萄糖被人体吸收利用，是重要的血糖调节营养素。

❸ 锌

身体缺乏锌的时候，胰岛素合成会受到影响，分泌被抑制，进而影响体内血糖水平，引发糖尿病。

❹ 锰

对细胞代谢而言，锰是不可或缺的营养元素。在糖的代谢过程中，锰扮演着"促进葡萄糖进入细胞"的角色，体内若缺锰，会降低胰岛素刺激葡萄糖吸收的效果。若发生胰岛素抵抗的状况，血糖的控制就会比较困难。

❺ 维生素A

黄绿色蔬果中含有维生素A的前驱物——胡萝卜素，胡萝卜素经过人体吸收代谢后，会转化为维生素A。所有胡萝卜素中以β-胡萝卜素效果最佳。

相关研究结果显示，血糖正常的受试者血液中β-胡萝卜素浓度是最高的，而糖尿病患者的血液中β-胡萝卜素则有所降低。

清心苦瓜茶饮

消暑解渴＋降低血糖

1人份

- 热　量：23.8千卡
- 糖　类：4.4克
- 蛋白质：1.0克
- 脂　肪：0.2克
- 膳食纤维：2.3克

材料
苦瓜……120克

做法
❶ 将苦瓜洗干净，切成块。
❷ 将苦瓜块放入锅中，加入适量清水煎煮半小时，捞出苦瓜块，饮用汤汁即可。

Tips 料理一点通

白玉苦瓜口感比较软，适合焖煮；翠玉苦瓜吃起来比较清脆，适合快炒或凉拌。

吃出食疗力

苦瓜性寒，可以缓解糖尿病的初期症状。苦瓜的果实含有和胰岛素功能类似的蛋白质，能促进糖类分解，降低血糖，还能促进体内脂肪的代谢。

香炖南瓜

稳定血糖＋高纤养生

1人份

- 热　量：167.8千卡
- 糖　类：25.6克
- 蛋白质：4.3克
- 脂　肪：5.4克
- 膳食纤维：3.1克

材料
南瓜……180克
红枣……4颗

材料
盐、食用油……各1小匙　高汤……2碗

做法
❶ 将南瓜洗干净，去皮、籽，切块；红枣洗净去核。
❷ 锅中加入高汤烧热，放入南瓜块与红枣。
❸ 煮开后改小火慢慢炖煮，煮至南瓜块熟软。
❹ 加入盐与食用油调匀，再烧煮5分钟即可。

Tips 料理一点通

可以先将南瓜泡在100℃的滚水里加盖闷约3分钟，使其外皮软化后，再取出用冷水冲凉降温，这样就比较容易切开了。

吃出食疗力

南瓜中含有大量膳食纤维，有助于减缓消化系统吸收糖分的速度。南瓜中还含有β-胡萝卜素和铬，铬又被称为"葡萄糖耐受因子"，有助于体内血糖的稳定。

高血压

低脂、少盐，配合药物治疗

血液对单位面积血管壁上的压力称为血压，高血压是以动脉压升高为主要表现的慢性血管性疾病。在身体舒缓状态下，非同日3次测量血压时，血压值持续高于140/90mmHg，即为高血压。

通常血液中"坏胆固醇"浓度较高者，罹患高血压的概率也较高。因为血液中的"坏胆固醇"浓度增高时，会造成心脏负担，心脏必须花费更大的力气泵血，才能让血液通过阻塞的血管，由此容易导致高血压发生。

大多数的高血压患者都没有明显症状，需定期测量血压才能发现。高血压的症状有头晕、头痛、后颈部僵硬、心悸、胸部不适、流鼻血、视力模糊等，有时还会出现容易发怒的情绪问题。

在确诊血压后，除进行药物治疗外，还建议调整生活方式，重点为减轻体重、选用低脂食物、吃大量水果及蔬菜、减少盐的摄取、适当运动及控制饮酒量等。

高血压患者需补充的营养素

❶ 钾

钾能保护心肌细胞，维持体内酸碱平衡，帮助糖类代谢；也能降低血压，改善血管壁的弹性，防止血管因血压过高而受损，并有助于预防中风。

高血压患者使用的某些降压药会使人体排出钾，导致缺钾。因此高血压患者应多食用含有钾的食物。但肾功能不全者应经医师评估后再补钾。

❷ 镁

镁是维持心脏正常运作的重要元素，能预防心律失常。如果体内镁的含量不足，会引起血管收缩，导致血压上升。医学研究显示，血液中镁含量正常者，罹患动脉硬化的概率较低。

❸ 钙

某些降血压药有利尿效果，可能导致钙被排出体外，造成钙流失。钙可以放松肌肉，有助于降压，因此高血压患者在进行药物治疗的同时，应多补充钙。

❹ 黄酮

黄酮有强大的抗氧化能力，能避免胆固醇氧化而导致动脉硬化。它同时具备抗血栓、扩张血管、加强血管壁弹性等功能，可使血液流动顺畅，达到调节血压的目的。

❺ 膳食纤维

水溶性膳食纤维能促进胆固醇转化为胆汁酸，进而降低胆固醇，预防动脉硬化及高血压。非水溶性膳食纤维则能抑制钠的吸收，从而降低血压。

糖醋鲜芹

保护血管+降血压

- 热　量：65.5千卡
- 糖　类：15.4克
- 蛋白质：0.5克
- 脂　肪：0.2克
- 膳食纤维：1.2克

材料
芹菜……6根
胡萝卜……30克

调味料
醋……4大匙　　白糖……2小匙　　酱油……3小匙

做法
1 将芹菜洗干净，去除叶子，切段；胡萝卜洗净，去皮，切细丝。
2 将芹菜放入滚水中烫过取出。
3 将醋调入白糖与酱油，充分搅拌成调味汁。
4 将芹菜段与胡萝卜丝放入盘中，淋上调味汁即可。

吃出食疗力

　　芹菜中的膳食纤维能吸收胆汁酸，钾有利于排出体中的钠，芹菜碱具有保护血管的功效。

Tips 料理一点通

　　芹菜中的营养素能溶解于油脂中，因此在烹调芹菜时，加入油快炒，能使芹菜中的营养更容易被人体吸收。

清香素斋汤

调节血压+降低胆固醇

- 热　量：44.9千卡
- 糖　类：7.8克
- 蛋白质：2.7克
- 脂　肪：0.3克
- 膳食纤维：3.0克

材料
豆苗……50克
胡萝卜……30克
香菇……10克
竹笋……20克

调味料
低钠盐……1/4小匙

做法
1 将胡萝卜和竹笋洗净，切丝；香菇泡发，去蒂切丝。
2 将所有材料放入锅中，加入清水熬煮。
3 起锅前放入低钠盐调味即可。

吃出食疗力

　　豆苗能抑制"坏胆固醇"的形成，而竹笋和胡萝卜富含钾，能调节血压。此道汤品运用食材的不同功效，兼具稳定血压、降低胆固醇的功效。

Tips 料理一点通

　　干香菇最好用80℃的热水泡发，这样能使其释放出鲜味物质，但不可浸泡过久，以免造成鲜味物质的流失。

189

心脏病

摄取过量动物性脂肪，是造成心脏病的主因

心脏病的发生，大多是由于动脉血管粥样硬化影响血液循环，使供给心脏养分及氧气的血液受阻而导致的。人生活在紧张的环境中，心脏产生紧张性收缩的频率会增加，进而容易加重心脏的负担，导致心脏瓣膜病变的发生。

肉类食品中的饱和脂肪酸是引起心脏病的元凶。健康的血液含氧量很高，能输送氧和养分到全身各处。而动物性脂肪多属于饱和脂肪酸，医学研究显示，食用饱和脂肪酸会增加血液中的甘油三酯及胆固醇，使血液变黏稠。

过量的胆固醇不断在血管壁堆积，会导致管腔渐渐变窄，血液无法顺利通过，最后形成血栓。

有心血管疾病的患者，首先应该戒烟，因为香烟中的有毒化学物质很容易侵害心脏血管，导致心血管病变。

心脏病患者需补充的营养素

❶ 水溶性膳食纤维

水溶性膳食纤维进入人体后并不能被消化，但是它能吸收水分与肠道中的胆汁酸，然后形成粪便排出体外，可以避免胆汁酸再次被肠道吸收而转化为胆固醇。

植物性食物中普遍含有较多的水溶性膳食纤维，如海藻、谷类与豆类，能吸收胆汁酸，保护心血管健康。

❷ 叶酸

叶酸是一种B族维生素，能帮助减少血液中的代谢废物。

适量摄取叶酸能降低罹患心脏病的概率。素食中的蔬菜与水果普遍含有丰富的叶酸，绿叶蔬菜中的叶酸含量尤其丰富。

❸ 钾

钾参与心肌活动，当钾摄取不足时，会导致心脏无法正常工作，严重时会引起心律不齐等症状。

❹ 大蒜素、硫化物

大蒜中的大蒜素能使末梢血管有效扩张，加快血液循环，因此能避免血液凝固阻塞血管。此外，大蒜素也能清除血液中的"坏胆固醇"，使血液保持健康。大蒜中的硫化物可以缓解心脏冠状动脉堵塞引起的心绞痛。

❺ 抗氧化物

自由基在人体内会使细胞氧化，是导致人体衰老的因素之一。抗氧化物可以清除自由基，减缓人体细胞的氧化速度。

凉拌黄瓜嫩豆腐

降血脂 + 保护心脏

| 热量：151.1千卡 |
| 糖 类：8.5克 |
| 蛋白质：9.7克 |
| 脂 肪：8.7克 |
| 膳食纤维：1.5克 |

材料
黄瓜……3根　　豆腐……2块
姜末……少许

调味料
酱油……2小匙　香油、盐……各1小匙

做法
❶ 将黄瓜洗净切条，加少许盐腌渍片刻。
❷ 锅中放入水烧滚，将豆腐放入水中烫过取出。
❸ 将豆腐切片，与腌过的黄瓜条一起排放在盘中。
❹ 将酱油、盐、香油与姜末调成酱汁，淋在黄瓜及豆腐上即可。

Tips 料理一点通
烹调前先将豆腐泡入盐水中，可让豆腐的口感更紧实，也能避免豆腐在烹调过程中被捣碎。

吃出食疗力
黄瓜中的膳食纤维能降低胆固醇与血脂，还能吸附肠道中的胆汁酸，具有保护心脏的作用。

黄豆栗子粥

补气养生 + 保护心血管

| 热 量：983.3千卡 |
| 糖 类：137.4克 |
| 蛋白质：41.7克 |
| 脂 肪：29.7克 |
| 膳食纤维：19.5克 |

材料
花生……50克
黄豆……50克
栗子……100克
糯米……90克

做法
❶ 将花生、栗子清洗干净；糯米洗净，在水中浸泡1~2小时；黄豆洗净，在水中浸泡一晚。
❷ 将花生、栗子、糯米、黄豆放入锅中，加入清水熬煮成粥即可。

Tips 料理一点通
带壳栗子的外壳若出现皱纹，且看起来没有光泽，表示已经不新鲜了，容易发霉，不宜选购。

吃出食疗力
五谷杂粮中的膳食纤维可吸收肠道中的胆汁酸，富含的维生素能保护心血管健康，还有补气作用。

痛风

多喝水，选择碱性及低嘌呤食物

痛风的出现，主要与食用过多高嘌呤的食物有关，如经常食用动物内脏、虾、鱿鱼、牡蛎、干贝、虱目鱼或啤酒等食物。食物中的嘌呤分解后会产生尿酸，当血液内的尿酸含量过高，导致尿酸盐在关节、软骨或肾脏各处沉淀堆积时，就会引起关节红肿发炎、发热、剧痛，也容易出现腰痛、蛋白尿等症状。

尿酸是代谢产生的物质，尿酸无法顺利排出体外，多余的尿酸就会堆积在身体中，使血液中的尿酸量增加，进而导致痛风。如果痛风症状长期得不到改善，严重时会导致肾结石或肾衰竭等疾病。

水分的补充对于痛风患者很重要，成人一天至少要喝3000毫升的水，以柠檬水代替开水饮用效果更好。此外，不妨多吃碱性食物，如海带、黑木耳、葡萄等。谷类食物如薏苡仁、山药等，能有效降低尿酸，痛风者可适量增加食用量。此外，建议从蛋类、奶类食物中补充蛋白质。

痛风患者饮食宜忌

❶ 水

痛风患者应该多补充水分，饮用大量的水能促使尿酸排出体外。缺乏水分会导致人体无法顺畅排尿，尿酸的排泄量也会减少。一般来说，每日饮水量应在3000毫升以上。

❷ 钾

钾有利尿作用，能促使尿酸随着尿液排出体外，有利于预防痛风。富含钾的食物有芹菜、西红柿、苦瓜、芋头、香蕉、红豆等。

❸ 低嘌呤饮食

痛风患者应注意不要吃嘌呤含量过高的食物。痛风急性发病期应选择嘌呤含量低的食物，蛋白质从蛋类、奶类中摄取。痛风非发病期，还是不宜选择嘌呤含量高的食物，干豆类也要避免食用。

❹ 低脂肪

痛风患者应食用低脂肪食品，因为有研究指出，脂肪会抑制尿酸的排出。选择食用油时，也应该选用植物油。另外，还要忌酒。

绿豆薏苡仁粥

排出尿酸 + 缓解痛风

- 热　量：435.9千卡
- 糖　类：83.2克
- 蛋白质：16.4克
- 脂　肪：4.2克
- 膳食纤维：3.8克

材料
绿豆……20克
薏苡仁……60克
大米……40克

做法
❶ 将薏苡仁、绿豆与大米清洗干净。
❷ 将薏苡仁、绿豆与大米放入锅中，加入清水煮成粥即可。

吃出食疗力

　　薏苡仁与绿豆都含有丰富的钾，能促进体内多余的尿酸排出体外，有利于缓解痛风的不适症状。薏苡仁的营养物质，如膳食纤维和B族维生素皆为水溶性，若煮成汤，最好连汤一并食用。

Tips 料理一点通

　　绿豆很容易生虫，买回来之后，可以先用开水烫大约半分钟，再晒干保存。

西瓜翠衣炒毛豆

清热利尿 + 降血压

- 热　量：174.3千卡
- 糖　类：20.7克
- 蛋白质：15.0克
- 脂　肪：3.5克
- 膳食纤维：8.3克

材料
西瓜皮……200克
红椒丝……5克
毛豆……100克　葱段……适量

调味料
酱油、食用油……各1小匙　盐……1/2小匙

做法
❶ 将西瓜皮去除外皮及红色果肉部分，洗净后切成细丝。
❷ 将毛豆洗干净，放在锅中煮熟后取出。
❸ 锅中放油烧热，放入葱段炒香，加入西瓜皮、红椒丝一起拌炒。
❹ 加入酱油与盐拌炒，放入毛豆略炒即可。

吃出食疗力

　　西瓜皮中含有丰富水分，能帮助清除体内多余的尿酸；西瓜瓤中含丰富的钾，有利尿的作用，还有清热、降低血压的功效。

Tips 料理一点通

　　西瓜中含有钾，而食盐中含有钠，两者一并食用，可以维持人体水平衡，所以吃西瓜时可在西瓜上抹些盐。

肾病

限制盐分及高蛋白食物的摄取

肾病可发展为慢性肾功能不全或是肾衰竭。肾脏是人体重要的排毒器官，主要负责过滤与清除血液中的废物，并通过尿液将体内多余水分及废物排出体外。

过于油腻、过咸或过甜的饮食，高蛋白食物食用过多等因素，会造成肾脏负担过重，导致肾脏排泄功能出现异常。

若肾脏的功能长期得不到恢复，废物持续积累，便容易产生肾结石或尿毒症等病症。若身体出现水肿现象，可能是肾脏出现病变的一个讯号，若时常尿频，但尿量很少，则有可能是膀胱炎、肾炎等引起的。

肾病患者的日常饮食应遵循低蛋白、低盐、低脂、宜清淡的原则，且应避免喝酒，少吃烧烤、油炸、腌制类食物，以减轻水钠潴留导致的水肿等症状。此外，还要避免食用富含钾的蔬菜和水果，平时烹饪时应尽量使用植物油。

肾病患者饮食宜忌

❶ 水溶性膳食纤维

水溶性膳食纤维能促进人体排便顺畅，能改善肾病患者的便秘症状，有利于清除体内毒素。

❷ 低蛋白

肾病患者需要控制蛋白质的摄取，以减少蛋白质分解产生的含氮代谢物。急性肾炎患者以低蛋白饮食为原则，以减轻肾脏负担；慢性肾炎患者则以优质低蛋白饮食为原则。

低蛋白饮食易导致维生素B_6、维生素C及叶酸的缺乏，可口服叶酸片及维生素片来补充。

❸ 热量

肾病患者要摄取足够的热量，以糖类、脂肪为优先，每天摄取的热量约为1千克体重35千卡。

❹ 低钠、低钾、低磷

急性肾炎患者要减少水和盐的摄取，少尿或无尿时，应该严格控制钾的摄取，并及时补充维生素。应避免摄取太多蛋白质导致含氮废物产生，进而加重肾脏负担。

以低钠、低钾、低磷饮食为主要原则。烹调时应注意盐的用量，避免使用以钾代替钠的低钠盐、低盐酱油等。

❺ 水分控制

肾病患者要注意控制水分的摄入，每天总尿量加上500~700毫升即为一天饮水量。患者在血液透析后，常常会觉得口渴，这个时候可以在嘴里含一颗冰块，解决口渴的问题。

美味红薯粥

3人份

高纤排毒 + 改善便秘

材料
红薯……100克
大米……200克

● 热 量：641.6千卡
● 糖 类：143.1克
● 蛋白质：13.3克
● 脂 肪：1.8克
● 膳食纤维：3.2克

做法
❶ 将红薯清洗干净，去皮切块；大米清洗干净。
❷ 锅中放入清水，加入大米以大火煮滚，放入红薯块，改以小火熬煮成粥即可。

Tips 料理一点通
红薯切开或削皮后，表面会有浓稠的汁液渗出，可将其泡在水中清洗，再换清水浸泡5分钟即可。

吃出食疗力
红薯中丰富的膳食纤维有助于改善便秘，有利于通便排毒。红薯能为肾病患者提供足够的热量。也可以选用钾含量低的蔬菜如丝瓜、大白菜等，煮成粥品食用。

红绿双瓜汁

1人份

利尿消肿 + 预防中暑

材料
西瓜……300克
黄瓜……2根

● 热 量：92.5千卡
● 糖 类：19.5克
● 蛋白质：2.5克
● 脂 肪：0.5克
● 膳食纤维：1.4克

做法
❶ 将西瓜去皮，切小块；黄瓜洗净，切小块备用。
❷ 将西瓜块和黄瓜块放入果汁机中，加入200毫升冷开水打成汁即可。

Tips 料理一点通
黄瓜上有刺，可将其放在流动的清水下冲洗，用手揉搓黄瓜的表皮，刺很容易就被去掉了。

吃出食疗力
西瓜有清热解暑、利尿除烦的功效，高温引起烦渴、中暑以及肾炎、水肿者可多食用。黄瓜有利尿效果，对肾病引起的水肿有改善的作用。

肝病

高纤低脂饮食，少吃加工食品

肝脏是人体重要的解毒器官，各种毒素经过肝脏的一系列化学反应后，都会变成无毒或低毒性的物质。过度疲劳、饮酒过度、经常食用外食，或经常接触化学毒物等，都会导致各种有毒物质在肝脏中过量累积，致使肝脏负担过重，进而降低其解毒功能。

病毒性肝炎共有甲、乙、丙、丁、戊五种类型。其中甲型病毒性肝炎与戊型病毒性肝炎是经粪口传播的，而乙型、丙型、丁型病毒性肝炎则是经由血液、体液传播的。在这五种肝炎中，只有乙型病毒性肝炎和丙型病毒性肝炎会转变成慢性肝炎，严重时还可能会转变成肝硬化或是肝癌，患者需要特别注意。

肝功能减弱，严重时也会导致肝炎，甚至引发肝细胞坏死或肝硬化等肝脏病变。常见的肝炎症状有疲劳、食欲不振、腹胀、上腹部疼痛、恶心、呕吐等。肝病患者在平日饮食中遵循低脂、低盐与高纤，适量补充蛋白质的原则，避免食用外食，并少吃加工食品。

肝病患者需补充的营养素

❶ 钙

肝病患者的肝脏受损，会直接影响体内维生素D的活性。由于维生素D是调节骨骼代谢的重要元素之一，缺少时会影响肠道与肾脏对钙的吸收。

肝病患者容易缺钙，建议多食用含有钙的豆类制品，如豆浆与豆腐。

❷ B族维生素

B族维生素能提高人体的新陈代谢能力，使肝脏功能正常运作。

B族维生素也能促进脂肪、糖类与蛋白质的代谢，并有利于改善肝脏功能。尤其是B族维生素中的肌醇，可协助肝脏进行脂肪代谢，预防脂肪肝及肝硬化的发生。

❸ 维生素K

肝病患者的胆汁分泌出现障碍，会进一步影响维生素K的吸收，建议多吃卷心菜、菠菜、西蓝花及西红柿等富含维生素K的蔬果。

❹ 卵磷脂

卵磷脂能促进脂肪代谢，保护肝脏，减轻肝脏的负担。天然食物中以黄豆、麦片、小麦胚芽中的卵磷脂含量最为丰富，可以多食用。

❺ 硒

充足的硒能维持肝脏功能正常运作。硒是非常好的抗氧化物，能清除体内的自由基，防止肝硬化。硒还能激活身体的免疫系统，有助于预防肝癌发生。

清炖冬瓜汤

保护肝脏 + 清肠利尿

1 人份

- 热 量：11.4千卡
- 糖 类：2.1克
- 蛋白质：0.4克
- 脂 肪：0.2克
- 膳食纤维：0.9克

材料
冬瓜……80克
姜……10克
秋葵……2根

调味料
盐……1/2小匙

做法
1 将冬瓜洗干净，去皮切小块。
2 将姜洗净去皮，切片；秋葵洗净，切小片。
3 将冬瓜块及姜片放入锅中，加入适量清水炖煮。
4 冬瓜煮软后，加入秋葵和盐拌匀即可。

Tips 料理一点通

冬瓜若买回来不马上食用，建议不要去皮，应以保鲜膜包裹或放入塑料袋中，再放入冰箱冷藏，大约可保存一周。

吃出食疗力

冬瓜具有利水作用，能使毒素通过出汗或排尿的方式排出体外；冬瓜中丰富的膳食纤维也有清肠的效果，有利于清除毒素。

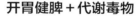

元气杂粮粥

开胃健脾 + 代谢毒物

1 人份

- 热 量：285.5千卡
- 糖 类：62.0克
- 蛋白质：5.9克
- 脂 肪：0.9克
- 膳食纤维：2.2克

材料
芡实……8克　薏苡仁……8克
莲子……8克　红枣……8克
大米……120克　桂圆……8克

调味料
冰糖……适量

做法
1 将全部材料洗干净，放入锅中。
2 锅中加入清水，熬煮成粥。
3 以冰糖调味即可。

Tips 料理一点通

大米中的糖类含量在贮藏期间会受到影响，故新米吃起来比旧米甜，喜欢吃香甜米饭的，请选购新米。

吃出食疗力

此粥品除具有开胃健脾的功效外，也因添加了红枣，而具有抗病毒的作用，故能减轻肝脏负担。此粥品还有增进食欲、加速有毒物质代谢的功效。

中风

应多采用清蒸、水煮、凉拌的烹调方式

中风最普遍的原因是动脉硬化。动脉硬化会使血液中的脂肪凝结成块，致使动脉血管变窄，血液流通受阻。当输送血液到大脑的动脉被血块阻塞时，血液与氧气就无法被顺利输送到脑细胞，进而引发中风。

除了动脉硬化以外，动脉破裂出血或是脑部肿瘤压迫脑神经，也容易导致中风。

中风患者的饮食应遵循低糖、低盐、低脂及高纤的原则。烹调时宜多采用清蒸、水煮、凉拌等方式，以控制油脂的摄取量。炒菜时宜选用单不饱和脂肪酸含量较高的油，如花生油、橄榄油；多吃富含纤维的食物，例如未加工的豆类、蔬菜、水果及谷类；少喝含咖啡因的饮料，远离烟酒。

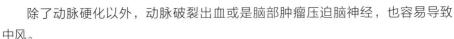

中风患者需补充的营养素

❶ 叶酸

叶酸属于B族维生素，缺乏叶酸常会引发心血管疾病，尤其是中风。叶酸摄取不足时，颈动脉很容易出现严重的阻塞，而颈动脉是负责输送血液到大脑的重要血管，一旦阻塞，人体就会有中风的危险。

❷ 硒

体内缺硒的人较易发生中风。硒是很好的抗氧化物，它能对抗自由基，有助于延缓细胞老化。富含硒的食材有全麦面包、蘑菇。

❸ 钾

钾能避免血压过高，有效调节血压，避免动脉硬化的发生。钾有利尿作用，有助于保持血压稳定，间接降低中风的发病率。

❹ 维生素A

如果血液中的维生素A含量较低，中风时神经系统就会比较容易受到伤害。且充足的维生素A有助于中风患者的康复。

❺ B族维生素

中风患者应该多摄取B族维生素，这样有助于改善人体造血功能，预防贫血。

❻ 维生素C、维生素E

维生素C能帮助人体对抗自由基，预防血管老化，间接防止中风发生。维生素E具有很强的抗氧化作用，能防止血管受到自由基的侵害。

香蕉燕麦粥

稳定血压 + 抵抗自由基

● 热　量：163.0千卡	
● 糖　类：35.3克	
● 蛋白质：2.6克	
● 脂　肪：1.3克	
● 膳食纤维：3.1克	

材料

香蕉……1根　燕麦……10克
桂圆干……5克

做法

❶ 将香蕉去皮，切成厚片。
❷ 将燕麦清洗干净，放入锅中，加入适量的清水熬煮。
❸ 大火煮滚后，改成小火，加入香蕉片一起熬煮成粥，最后撒上桂圆干即可。

吃出食疗力

燕麦中含有丰富的维生素E，能保护人体不受自由基伤害，防止血管老化；香蕉与燕麦中都含有丰富的钾，有利尿、稳定血压的效果。中风患者可能有吞咽困难的症状，这道粥品口感较软糯，很适宜中风患者食用。

Tips 料理一点通

可以用燕麦麸替代燕麦，相同分量的燕麦麸比燕麦热量低，蛋白质含量则更高。

猕猴桃胡萝卜汁

护眼明目 + 保护血管

● 热　量：92.7千卡	
● 糖　类：20.5克	
● 蛋白质：1.5克	
● 脂　肪：0.5克	
● 膳食纤维：3.2克	

材料

猕猴桃……1个
胡萝卜……半根

调味料

蜂蜜……少许

做法

❶ 将猕猴桃与胡萝卜洗干净，去皮切成块。
❷ 将猕猴桃块、胡萝卜块一起放入果汁机，加入200毫升冷开水打成果汁。
❸ 加蜂蜜调匀即可。

吃出食疗力

胡萝卜中含有丰富的胡萝卜素，能保护眼睛；猕猴桃中的维生素C是抗氧化物，对血管老化有间接的预防效果。

Tips 料理一点通

若想使猕猴桃快速成熟，可以将其和苹果一起放进塑料袋，存放于室温下，若已完全成熟，最好尽快吃完。

癌症

3份蔬菜、2份水果，提高免疫力

癌症的发生，一般认为和生活环境与生活习惯有关，也有人认为可能与人体受到自由基侵害有关。自由基源于人体的呼吸作用，这些自由基与氧原子结合后，释放出能量供人体使用的过程称为氧化。

近来素食已逐渐被证实可以降低胆固醇、改善肥胖及减少某些癌症的发生。例如素食者在肺癌及消化道癌症的发病率上比一般人的低，这是因为素食者的主食五谷蔬果，除了脂肪及胆固醇含量较低之外，还含有丰富的膳食纤维、抗氧化物等，能促进身体新陈代谢。

预防癌症最常见的方法，就是"天天五蔬果"，也就是每人每天至少食用3份蔬菜及2份水果，且最好是不同颜色的蔬果，因为蔬果中富含膳食纤维，可以提高免疫力、预防癌症，也可以降低胆固醇，减少肥胖的发生。

癌症患者需补充的营养素

❶ 膳食纤维

膳食纤维是预防癌症的重要营养物质，它可以增强胃肠蠕动，缩短肠道内排泄物的停留时间，减少肠道发生病变的可能性。

膳食纤维也可以减少人体对脂肪的吸收，降低胆固醇，而脂肪被视为是诱发某些癌症的主因，因此，多摄取膳食纤维，有助于预防癌症。

❷ 番茄红素

番茄红素具有清除自由基的作用，能捕捉体内不稳定的自由基，防止正常细胞受损，延缓细胞老化。含有番茄红素的食物有西红柿、南瓜等。

❸ 维生素C

维生素C有很强的抗氧化能力，能对抗自由基。加工肉类或香烟中常含有亚硝酸盐，其进入胃中容易形成亚硝胺类化合物，有致癌风险。

维生素C无法抑制亚硝胺类化合物的活性，却可以阻止亚硝胺类化合物的形成，从根本上阻断致癌物质的产生。

❹ 维生素E

维生素E是良好的抗氧化物，能帮助身体抗氧化，减少自由基对身体的损害。维生素E还可防止必需脂肪酸的氧化，避免细胞遭受损害，因此能降低癌症发病率。

红烧金针菇

增强免疫力＋抑制肿瘤

- 热　量：57.9卡
- 糖　类：10.2克
- 蛋白质：1.9克
- 脂　肪：1.5克
- 膳食纤维：5.9克

材料
黑木耳丝……30克
金针菇段……50克
胡萝卜丝……20克

调味料
素蚝油……1匙　香油……1/4小匙

做法
❶ 将黑木耳丝、金针菇段、胡萝卜丝氽烫备用。
❷ 炒锅加热，加入素蚝油、香油及所有材料，略
　微烧煮即可。

吃出食疗力

　　金针菇中含有一种可调节人体免疫功能
的蛋白质，能增强免疫力、抑制肿瘤。黑木
耳中富含的多糖也具有增强免疫力与抗癌的
功效。

Tips 料理一点通

　　用烤或油炸的方式烹调金针
菇，会使其蛋白质结构改变，影响
吸收，建议用氽烫、凉拌、快炒或
焖煮的烹调方式。

西红柿绿茶汤

护肝排毒＋抗氧化

- 热　量：39.0千卡
- 糖　类：8.3克
- 蛋白质：1.4克
- 脂　肪：0.3克
- 膳食纤维：1.8克

材料
西红柿……150克 绿茶……2克

调味料
盐……适量

做法
❶ 将西红柿洗净，用开水烫过去皮，再捣碎。
❷ 将绿茶置于锅内，加入西红柿碎混匀。
❸ 锅中加入约400毫升开水，煮滚后加盐调味即可。

吃出食疗力

　　绿茶中含有的儿茶素及其他多酚类物
质，有抑制肝癌细胞生长，并加强肝脏解
毒功能的功效。西红柿中含有抗氧化物——
番茄红素，医学研究发现，每天摄取30毫
克的番茄红素，能有效降低罹患前列腺癌的
概率。

Tips 料理一点通

　　烹调西红柿时加点醋，可破坏
西红柿中的有害物质——番茄碱，
且烹煮时最好用大火快炒，能避免
其所含维生素遇热而受到破坏。

Part 5
幸福素食主义

吃素已成为全球流行的时尚风潮，

素食主义不仅是爱护动物的象征，

更是环保、乐活的代名词，

多吃素食让你元气满满，

远离疾病、为健康加分！

Chapter 1

选购保存秘诀

想要炒出一盘美味佳肴，先从买对新鲜食材开始！从选购、保存到烹调，最完整的烹饪技巧，一次告诉你。

正确选购，变身买菜达人

面对琳琅满目的素食食材，无论是蔬菜、水果，还是五谷杂粮，你知道应该如何挑选吗？

❶ 叶菜类

● 叶片完整，颜色鲜绿

选择叶片张开、完整且色泽鲜绿，茎部肥厚且新鲜脆嫩的蔬菜较佳。包叶类的蔬菜，以菜叶紧紧包卷，外叶颜色呈鲜绿色，切口不干燥，重量较重，没有枯叶者为佳。

❷ 瓜果类

● 表皮光亮，蒂头完整，有沉重感

黄瓜：应该选择颜色深绿，表面色泽光亮、瓜刺尖锐且粗细均匀者。拿起来有沉重感的黄瓜，水分较足。

苦瓜：表皮光亮，瓜体硬实，且拿起来有沉重感的，水分较足。

冬瓜：以外形完整，表面光滑、无伤痕者为佳。拿起来有沉重感的冬瓜，水分较足。

南瓜：应选择外形完整，表皮纹路清晰且没有损伤，瓜蒂呈绿色者。

玉米：应该选择苞叶呈黄绿色且水分充足，颗粒饱满、排列紧密整齐者。

❸ 茄类

● 表皮有光泽，蒂头完整且不枯萎

茄子：以颜色呈深紫色，表面富有光泽，表皮没有损伤，且蒂头完整者为佳。切面发黑者较不新鲜。

西红柿：应该选择表面有光泽、色泽鲜艳者。外形不规则、表皮不光滑的西红柿品质不佳。

彩椒：蒂头新鲜完整，果实颜色鲜艳且富有光泽，果肉厚实、脆嫩者，品质较好。

❹ 豆类与豆荚

● 色泽鲜艳，豆粒饱满，豆荚呈鲜绿色

挑选豆类时，要注意挑选色泽鲜艳，颜色明亮，豆粒饱满者。应选择新鲜的豆类，放置太久的豆类在烹调时会花较长时间。不要挑选表面上有裂口，表皮有褶皱或萎缩，表皮变色或有褪色痕迹、虫蛀痕迹的豆子。

四季豆：应该选择表面没有黑色斑点，颜色呈浅绿色者，避免选购表面凹凸不平的四季豆。

豌豆：颜色翠绿，豆荚挺直者较佳。

蚕豆：外形饱满，外表无损伤，并带有豆荚的蚕豆品质较好。

毛豆：应该选购豆粒肥大，豆荚鲜绿者。

青豆：应该选择带有豆荚，且豆荚颜色鲜绿、形状完整的青豆。

❺ 根茎类

● 表皮光滑，轻弹果肉时声音厚实

白萝卜：重量较重，叶子颜色翠绿，表皮洁白光滑，拿起来手感较重者较佳。

胡萝卜：表皮光滑，外皮为深橘色的胡萝卜品质较好。

牛蒡：以须根较少，粗细均匀且表皮无损伤者为佳。

莲藕：重量较重，表皮没有损伤者较佳。

洋葱：表皮干燥且光滑，质地较硬，且重量较重者，品质较好。

土豆：表皮干燥、无损伤、薄且光滑者为佳。不要购买外皮发绿的。

红薯、山药：表皮无损伤，且光滑、无褶皱者品质较好。

竹笋：表皮潮湿，且带有泥土者比较新鲜。笋壳光滑，笋尖金黄者较佳。

❻ 花菜、芽菜类

花菜：花球较硬者为佳，茎部中空的不要选购。

豆芽菜：茎部颜色较白，根部肥大者为佳。

黄花菜：以花苞紧密、未开，纤维较硬，质地细嫩者为佳。黄花菜不宜生吃，要用水浸泡一段时间后，煮熟再食用。

苜蓿芽：以芽体洁白干净且有光泽，长度均匀者为佳。芽体发黄或有黏液者不可购买。

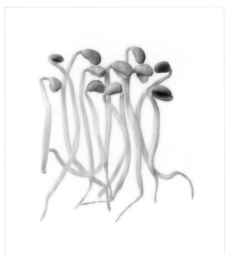

● 豆芽菜以茎部较白，根部肥大者为佳

❼ 水果

判断水果新鲜度的重点：观察表皮是否光亮、果体是否饱满、色泽是否鲜艳，轻按水果时果肉是紧实还是松软，是否有出水的现象。果肉按起来手感松软或有出水现象，表示水果已不新鲜，切勿选购。

当季的水果具有较高的营养价值，也能发挥较好的滋补功效。每一种水果都有其特定的成熟季节，如草莓是春季，西瓜与荔枝是夏季，柚子是秋季等。

尽管在其他季节也能品尝到温室培育的水果，但是其营养价值终究不如当季盛产水果。

建议尽量选购当季盛产的蔬菜与水果，不仅物美价廉，还能帮助你摄取更为完整的营养。

❽ 人工素料

素食者最好不要常吃人工素料，因为这种素料通常添加了大量添加剂，吃多了对身体有害，而且不少商家常会在素料中添加荤食。若真的想吃，最好不要购买价格太便宜、散装或是成分标识不明的加工素料。

购买当令的蔬果

最好选购当季盛产的蔬果。由于温室栽培技术的进步，如今一年四季几乎都可以买到各种蔬菜，但每种蔬菜的营养价值都会随季节改变而产生变化。在当令季节购买的蔬菜，会更可口多汁。

在夏季买到的黄瓜，维生素C含量比冬季黄瓜更高；在夏季购买的西红柿，维生素C含量也比冬天西红柿更高。由此看来，了解蔬果盛产的季节十分必要。

正确处理，吃得放心又健康

买回家中的各种素食食材，如何处理才能吃得美味又健康呢？有没有更有效的处理方法呢？下面为你介绍处理素食食材的正确方式。

❶ 叶菜类

切掉根部：带着根的叶菜类蔬菜，农药往往会顺着叶柄流向根部，最好先将根部切除再清洗。

清洗：先使用流动的清水冲洗叶片表面，接着将蔬菜整株放入清水中冲洗，仔细清洗掉附着在茎叶上的泥土，然后在清水中浸泡15分钟，最后以清水冲洗干净即可。

保持叶菜类颜色青翠的要领

在滚水中加入少量盐，放入蔬菜汆烫，烫约30秒后立刻捞起，再放入干净冷水中浸泡，如此能保持蔬菜的鲜绿色泽。

❷ 花菜类

清洗花菜时，要放在流动清水下清洗，洗净后再将花菜分成小朵，然后削除茎部的硬皮。

❸ 包叶类

摘除外叶：农药很容易残留在最外层的叶片上，务必先将外叶摘除，再将叶子一片片剥下。

清洗：先将剥下的叶片放入清水中浸泡10分钟，再使用流动的清水反复冲洗即可。

切块、切丝：冲洗干净后将叶片叠放起来，以刀切成大块。或是以刀直接挖除菜中间的硬梗，将叶片剥下，把叶片卷起，使用直刀切成细丝。

保存蔬菜的器具

保鲜盒是很好的蔬菜收纳器具。保鲜盒的规格有很多种，可以视个人的需要选购。

保鲜盒的好处是能将处理好的菜分类后分装，不仅可以将全部的蔬菜装在一个大盒中，每次食用前按需取用；也可以按照每天需要的分量分装入小盒。

❹ 茄类、瓜果类

西红柿：若要将西红柿去皮，可以用小刀在西红柿底部划十字，然后去除蒂头，将西红柿放入滚水中煮20秒后取出，直接放入冷水中浸泡，就可以将翻开的皮撕下了。

青椒、彩椒：将彩椒或青椒清洗干净，直接去除蒂头部位，并剖成两半，将中间的籽和白瓤去除。

茄子：清洗干净后，去除蒂头，然后切成大块。切块后的茄子须放入盐水中浸泡，如此能防止茄子变色。若将切开的茄子放在醋水中浸泡5分钟，如此能去除茄子的涩味。

黄瓜：烹调前可将黄瓜在水中浸泡10分钟，让黄瓜充分吸收水分，吃起来会比较脆。

▲ 黄瓜先泡水，吃起来较脆

用盐水还是清水洗？

许多人在清洗蔬果时很喜欢使用盐水浸泡。卫生部门的一份报告显示，盐水去除农药的效果与清水差不多，用浓度为1%的盐水将蔬果浸泡10分钟，可达到去除农药的效果。

但在日常生活中，盐水的浓度并不容易控制，不如用流动清水冲洗更为方便。

❺ 根茎类

清洗：以流动的清水清洗外皮，并以刷子去除泥土，使用削皮刀去除表皮，然后将菜切成长条或大块。

水中浸泡：将切开的牛蒡或莲藕放在水中浸泡5分钟，如此能帮助去除涩味，并防止蔬菜变色。

将切开的土豆或红薯放在水中浸泡10分钟，如此能防止切面变色，也能去除涩味。

削皮：土豆清洗干净后，使用削皮刀削去外皮，若凹处有隐芽时，要使用小刀将芽眼挖除。

红薯清洗干净后，使用削皮器削去外皮。

处理芋头时，先在表皮上撒少许小苏打粉，再用削皮刀将芋头表皮削除，如此能避免手过敏发痒。

洋葱清洗干净后，将头尾切除，剥去表面的褐色外皮。切丝时，只要将洋葱切半，剖面朝下，以刀直接切细丝即可。切丁时，可将洋葱切半，剖面朝下，以刀直切，接着将洋葱转90°，再以直刀切成正方形小丁。

▲ 根茎类蔬菜清洗后，去除表皮再切块

❻ 豆荚、芦笋

使用清水将豆荚类洗干净后，将蒂头部位择下，将一边的老筋去除。芦笋清洗干净后，直接使用削皮刀去除芦笋根部的外皮即可。

▲ 豆荚洗净后，将蒂头择下，去除老筋

❼ 菌菇类

防止变色的方法：蘑菇在切开后，很容易因为接触空气而变色。可在蘑菇表面滴几滴柠檬汁，如此就能防止蘑菇变色。

金针菇、松茸菇：先以刀切除根部较硬的部位，或是以手将其撕开，再以清水冲洗。

干香菇：先以清水清洗干净，并放入热水中泡软，接着以刀削去硬梗。

❽ 豆类

先浸泡：在烹调豆类前，先将豆类放入清水中浸泡。把夹杂在豆类中的沙粒与灰尘清洗干净，并通过浸泡，使豆类吸水膨胀。

浸泡时间：在烹调前先浸泡一晚，泡8~12小时为佳。泡过的豆类能在烹调时快速软化入味。需要注意的是，浸泡过的豆类需要再次清洗与沥干。

❾ 水果类

先冲洗再浸泡：草莓或阳桃等表皮凹凸不平的水果，表面很容易残留农药，建议先冲洗再浸泡。浸泡的时间以20分钟为限，最后使用流动的清水冲洗干净即可。

防止变色的方法：苹果在切开后，很容易因为接触空气而氧化变色。可在苹果切面上滴几滴柠檬汁抹匀，如此能防止果肉变色。

❿ 五谷类

清洗：清洗大米或糙米时，动作要轻，次数要尽量少，同时应避免用力搓洗，如此能减少维生素与无机盐的流失。如果是存放较久的米，应该要多淘洗几遍。

先泡再煮：将清洗过的米浸泡在清水中，建议浸泡时间为2小时。因为大米先浸泡再烹煮，不但可以节省时间，还能减少米中B族维生素的流失。

为什么杂谷饭比大米饭更健康？

多数人的饮食是以米饭为主食，其实米饭的营养远不及杂谷米饭。残留在精米中的营养素很少，因为在去除的大米外壳与胚芽中，至少含有80%的维生素B_1，留在精米中的维生素B_1只剩约20%。维生素B_1易溶于水，在平常淘洗大米的过程中，维生素B_1很容易流失。此外，如果大米存放的时间较久，也会使维生素B_1逐渐流失。

正确保存，营养不流失

蔬菜买回来后，如果保存的方式正确，其营养就不容易流失，口味和外观也不会有很大变化。

蔬菜的保鲜期限

蔬菜属于生鲜食材，最好趁新鲜烹调食用。由于蔬菜中含有丰富的矿物质与维生素，如果保存时间过久，这些营养物质就会快速流失，其中又以维生素C的流失速度最快。

如同下表显示，绿叶蔬菜放入冰箱中保存3天后，维生素C会流失约20%，等到第8天时，维生素C含量只剩下不到40%了。

买回来的蔬菜最好趁新鲜及早烹调食用，如果无法及时烹调，最好能将蔬菜烫过后，以保鲜膜包装后冰冻处理，如此能较有效地保存蔬菜中的维生素。

蔬菜保存时间与维生素C剩余率

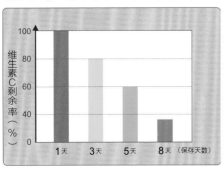

不能在冰箱存放太久

存放在冰箱中的蔬菜，会随着时间的流逝而流失营养，存放太久的蔬菜还可能产生毒素，对人体有害。

芹菜、白菜、胡萝卜、菠菜、韭菜、菜花等，易残留含有硝酸盐的农药。虽然硝酸盐是无毒的物质，但是这类蔬菜在冰箱中贮存一段时间后，冰箱中细菌会使硝酸盐还原成亚硝酸盐，成为有毒的物质。

亚硝酸盐进入人体后，容易产生致癌物质，长久下来会侵害人体免疫系统。

因此，蔬菜不能在冰箱中存放太久。建议在采购素食时，采购量以3天的消耗量为限，并且不要令蔬菜在冰箱中存放超过3天。

蔬菜的保存方法

❶ 绿叶蔬菜

各种绿叶蔬菜最好使用具有透气性的保鲜袋来封包。将蔬菜放入保鲜袋后，直接封住袋口，然后放入冰箱冷藏保存。将绿叶蔬菜装袋放入冰箱时，注意要将根部朝下存放，如此比较耐储存，避免蔬菜太快腐烂。

❷ 香辛类蔬菜

香菜：最好以湿纸巾将香菜包好，放置塑料盘中，直接放入冰箱中保存。

葱：用报纸将葱包起来，放置在阴凉通风处保存。

❸ 包叶类蔬菜

卷心菜、大白菜等包叶类蔬菜，平常可用报纸将其包裹起来，存放在阴凉通风的场所。若想要延长保存时间，则要将包叶类蔬菜放入保鲜袋中封起来，放在冰箱中冷藏保存。

❹ 豆荚类蔬菜

豆荚类蔬菜喜欢潮湿的环境，保存时可使用潮湿的纸巾将豆荚包裹起来，放入塑料袋后，将袋口扎紧，直接放入冰箱中冷藏保存，如此能延长豆荚类蔬菜的保存时间。

❺ 干豆类

绿豆、黄豆、黑豆或红豆应该存放在密封罐里，盖好后放置在阴凉干燥处。注意避免豆类接触空气而变质，也不要将豆类放置在阳光下暴晒，这样容易使其营养与风味流失。

❻ 根茎类蔬菜

土豆、洋葱与胡萝卜等根茎类蔬菜是较容易保存的食材，且因其含有丰富的营养素，所以一次可以多买一些。

萝卜：将叶子部分切除，使用保鲜膜包裹，放在阴凉通风处保存。

土豆、红薯：先将外皮洗干净，晾干后以报纸包起来，放入冰箱冷藏。

洋葱：放在阴凉通风处保存。

山药：放在塑料袋中包好，再放入冰箱冷藏。

❼ 瓜果类蔬菜

黄瓜：要用保鲜膜封包起来，放在冰箱中保存。避免将黄瓜放在通风干燥处，以免黄瓜的水分流失。

南瓜：南瓜可以保存较久，建议放在室温环境下，保持储存场所阴凉通风，就能使南瓜长久保存。

玉米：玉米会随着保存时间的延长而流失甜度与鲜度。建议可先将玉米放入滚水中烫过，再放入冰箱中冷藏保存。

西红柿：可将未完全成熟的西红柿放置在通风的环境下保存，常温条件下，西红柿会逐渐成熟。

甜椒：甜椒要放入有洞口的塑料袋中，再放入冰箱中保存。

蔬菜正确保存法

❶ 绿叶蔬菜

根部朝下，用保鲜袋包装

❷ 卷心菜、大白菜

用报纸包起来置于阴凉处

❸ 干豆类

放在密封罐里

❹ 葱、姜、蒜

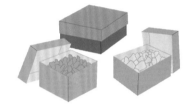

切碎后放入保鲜盒中

水果的保存方法

❶ 柑橘类水果

预定几天内要食用完的柑橘类水果，如柠檬、葡萄柚、橘子、橙子等，建议放在室温环境中保存，并注意放置在阴凉通风的场所。

❷ 樱桃、水梨、草莓、葡萄

这类水果需要成熟后才能放入冰箱中冷藏，如此能避免冰箱的低温抑制水果的成熟，影响水果的甜度。

❸ 香蕉、枇杷、阳桃

这类水果属于热带或亚热带水果，直接放入冰箱中冷藏容易被冻伤，影响水果的味道。建议将这类水果放置在通风阴凉的室温环境中保存。

不适合存放在冰箱的水果

并非所有水果都适合放入冰箱中保存，因为有些水果受冷后容易变质。

产于热带的水果不适宜冷藏，如木瓜、杧果与香蕉，是天生喜欢温暖而害怕寒冷的水果，适合放在室温中保存。

若将买回来的热带水果直接放入冰箱中保存，容易使这类水果的果皮上出现黑褐色斑点，影响水果味道。最好将这类水果放置在室温环境中，使其自然成熟。

配料的保存方法

每天做菜时，总要在准备葱、蒜等配料上花不少时间。善用冷冻保存法，能帮助你一次保存大量配料，让你在每次烹调时更为得心应手。

❶ 调味料、酱料

将调味料、酱料分门别类打包，保存在冰箱冷冻库中。烹饪时，只要将所需的调味料或酱料取出，放在微波炉中加热解冻就可以了。

预先调配好各种素菜调味料和酱料，能帮助我们节省不少时间。

❷ 香辛配料

葱、姜、蒜或辣椒是烹调中常用的香辛配料。每次烹饪时，临时切葱或切蒜总是很花时间，建议将葱、姜、蒜等一次切碎，分门别类地放入不同的保鲜盒中，并统一放入冰箱中冷藏，可以保存一周时间。

凉拌或腌渍类小菜的保存方法

如果你担心没有时间烹调蔬菜，不妨利用周末，把蔬菜做成腌渍类小菜或凉拌蔬菜。那么，有什么方法可以更好地保存烹调好的蔬菜呢？

制作腌渍或凉拌类小菜时，应尽量选择纤维含量高的蔬菜，如根茎类蔬菜，如此能补充主食中易缺乏的膳食纤维与维生素。

将做好的小菜保存在冰箱冷藏室中，这么一来，数日分量的配餐小菜就完成了。食用之前，只要依照食用的分量取出装盘即可。

当然你也可以一次做好几种菜肴，但每天至少食用两种菜肴。有了凉拌小菜，回到家后只要炒一盘青菜并做一道主食就可以了。

冷冻保存的要领

为了使蔬菜保鲜时间更长，可将买回来的蔬菜进行冷冻处理，这是一种变通的保存方法。而保持蔬菜鲜度的最好方法，是先将蔬菜烹熟后再进行冷冻。

处理南瓜、白萝卜、胡萝卜、豆荚类蔬菜或绿叶蔬菜时，最好先将其放入滚水中烫过，沥干水分后，使用保鲜膜封包起来，并将空气排出，直接放入冷冻库中保存。

菌菇类的保存方法

菌菇类，如口蘑、草菇、香菇、金针菇等食物，则无须事先煮熟，直接封包后放入冰箱冷冻库中保存即可。

蔬果皮、籽去不去，学问大

蔬果在烹调时大多会去皮处理。然而有的蔬果外皮含有许多有益健康的营养素，最好连皮食用；有的蔬果外皮含有毒素，去皮食用更安全。

蔬果外皮的营养价值

有些蔬果的外皮含有的营养物质比果肉中的更多，那么，蔬果的外皮中通常含有哪些营养物质呢？

大部分的蔬果外皮都含有较丰富的膳食纤维，以茄子、黄瓜、苹果、水梨等蔬果来说，它们的外皮含有比果肉更多的膳食纤维。

有的蔬果外皮则含有丰富的多酚类物质，多酚类物质是一种抗氧化物，有助于抗衰老和增强人体免疫力，可以预防癌症。茄子、胡萝卜、西红柿、蓝莓和葡萄等色彩鲜艳的蔬果中都含有丰富的多酚类物质。

建议连皮食用的蔬果

茄子

在烹调茄子时，许多人因为怕茄子外皮使菜肴变色，习惯将外皮去除后再烹调。其实，茄子的外皮中含有有益于心脏的化合物，因此，应该连茄子皮一起烹调食用。

黄瓜

黄瓜的外皮也最好不要去除，因为黄瓜的外皮中含有丰富的维生素A，其含量甚至比果肉中的高出几倍。

西红柿

许多人习惯在烹调西红柿时，先以滚水将西红柿的外皮去除。然而西红柿的外皮中含有非常重要的抗氧化物——番茄红素与芦丁，因此食用西红柿最好不去皮。

苹果

苹果的外皮中含有果胶，果胶是一种膳食纤维，通常聚集在皮中与靠近皮的部位。果胶在进入人体后，能充分吸收水分，有利于促进肠道蠕动、润肠通便。因此，苹果也适合连皮食用。

蔬果外皮有食疗功效

有的蔬果外皮虽然风味不佳，但营养价值很高，因此很适合将外皮保留下来，以作食疗之用。常被丢弃的果皮，大多有丰富的药用价值。

柑橘

柑橘类水果的果皮含有芳香油，对支气管炎或感冒具有一定疗效。橘皮泡茶饮用能帮助改善咽喉炎、支气管炎，并有止咳、平喘等疗效。

香蕉

将香蕉皮蒸熟后食用，有助于改善便秘，也能改善痔疮症状。香蕉皮外用还可缓解皮肤过敏、皮肤红肿的症状。

葡萄

葡萄的皮也有一定的食疗价值。葡萄皮中含有的鞣酸能保护心血管，也是酿制葡萄酒的重要材料之一。

种子也可以吃

平常在烹调时，我们都会将蔬果中的种子丢弃，其实许多蔬果的种子都有较多的食疗价值。

冬瓜籽

冬瓜籽含有较高的医疗价值，具有抗病毒与抗肿瘤的功效。将冬瓜籽煎煮成汤饮用，能防癌、解毒。

柑橘籽

柑橘的种子也具有药用价值，将其煎煮成茶水后饮用，具有止咳与生津的疗效。

南瓜子

南瓜的种子具有治疗胆结石的作用。

葡萄籽

葡萄籽也是具有丰富营养的水果种子。葡萄籽中含有的鞣酸具有抗氧化作用，能防止人体衰老。

正确烹调，健康百分百

烹调素食的方法十分简单，如果能掌握烹调的要领与诀窍，那么你就能充分享受素食的营养与美味。正确的烹调方式将为素食菜肴的美味与营养加分。

烹调素食的要领

❶ 加热时间要短

蔬果食材的特点就是维生素含量高。长时间的烹调，容易使蔬果中的营养流失，且烹调时间越久，流失的营养就越多。

烹调素食食材时，最好要掌握趁鲜原则，避免加热过久，才能使食物的营养素保留得多一些。

❷ 水煮、氽烫可保留较多营养

使用清蒸、水煮、凉拌或氽烫烹调等方法，能保留素食中较多的营养。也可以采用微波炉、烤箱或是不粘锅来烹调素食食材。选择蒸、炖的烹调方式，能够避免摄取过多油脂，是很健康的烹调方法。

❸ 避免高温烹调

避免使用烧烤和高温油炸的方式烹调素食。油煎、油炸的烹调方法容易产生大量油烟；而烧烤方式容易将食物表面烧焦，焦黑物质具有致癌风险，会提高人体的患癌概率。

烹调蔬果时也要避免大火烹调，过高的温度会破坏食物中的营养素，更容易使天然的素食变质。大火也是产生油烟的因素，人体在烹调中若经常吸入油烟，会增加罹患肺癌的概率。

❹ 选择植物油

色拉油一般会在烹调中产生油烟。大量食用动物性油脂则间接促进动脉硬化，造成血管阻塞，并容易导致各种慢性疾病。建议选择油质稳定且耐高温的植物油，如橄榄油、芝麻油、葡萄籽油、花生油等。

橄榄油比较适合烹调素食，因其不易产生油烟，且有抗氧化的作用，所以是较为健康的烹调用油。

不同烹调方法与营养素保存比较表

在烹调过程中，蔬菜中的营养物质容易流失，因此，选择合适的烹调方法，是烹调素食最重要的诀窍。

以处理方式来看，蔬菜用蒸的方法烹调，会损失30%的维生素B_1、50%的维生素C以及75%的叶酸。蔬菜以切碎的方式处理，将损失30%的维生素C、25%的叶酸，但维生素B_1则不易流失。

烹调方法	所需时间	烹调温度	优点	缺点
煮	较长	低	能够使蛋白质、有机酸、矿物质与维生素充分溶解在汤汁中	水溶性维生素与矿物质容易流失
汆烫	较短	低	营养素破坏较少	水溶性维生素较易流失
炖	中长	低	使蛋白质与脂肪充分分解，有助于消化吸收	维生素损失较多
炒	短	高	营养素的流失较少	维生素损失较少
蒸	中短	高	营养素的流失较少	水溶性维生素较易被破坏

常见基本烹调方法

基本烹调方法	烹调方法说明
❶ 煎	干煎：将主料用调味料拌匀入味，蘸面粉以小火热油煎熟 煎焖：以小火煎熟食材，再加调味料或汤汁焖煮或勾芡 煎烹：用大火煎食材至略熟，再加高汤及调味料烹煮至入味
❷ 煮	将食材放入滚水或高汤中煮开，改小火煮熟
❸ 炒	热炒：将材料加工成半熟或全熟，再放入热油锅中略炒，加调味料拌炒均匀 干炒：将材料放入热油锅中快速翻炒，加配料和调味料炒至汤汁收干 生炒：不勾芡，将主料直接放入油锅以大火炒至五六分熟，再加入其他配料及调味料，快速炒熟即可
❹ 炸	清炸：将主料调味或腌拌一下，直接放入热油锅以大火炸熟 干炸：将主料先以调味料腌拌，再蘸粉放入热油锅炸至酥黄 软炸：将主料用调味料腌拌，蘸蛋清或面糊，放入温油中炸熟 酥炸：将主料煮或蒸至熟软后，蘸蛋清或面糊，放入热油锅炸至外酥里嫩
❺ 爆	油爆：将主料用热油快速加热至熟，再加入调味料即可 酱爆：先将材料炒熟，再加入面酱煸炒
❻ 蒸	将材料处理好，加入调味料，放入蒸锅用水蒸气加热至熟

Chapter 2

烹调技巧大公开

蒸、炒、煮、汆烫……如何烹调蔬菜，能使蔬菜保存最多的营养？
烹调方式大公开，并附上食谱，让你轻松做出一桌素食好菜。

煮的技巧

用较多的水煮沸之后，再将蔬菜放入，加盖子烹煮能减少维生素流失。

水煮蔬菜是最常见的烹调方法，不过用水煮的方式，蔬菜中的矿物质与维生素较易流失。若采用水煮方式烹调蔬菜，必须使用较多的水，确定水煮沸后，再将蔬菜放入。

若是水煮根茎类蔬菜，则需要加盖烹煮，如此能减少维生素流失。水煮根茎类蔬菜的时间不应超过20分钟。

营养加倍秘诀

蔬菜中的类胡萝卜素是一种抗氧化物，有良好的抗癌作用。如果将蔬菜煮熟后再食用，抗癌作用会倍增。

经过烹煮的蔬菜，其细胞壁会软化，使胡萝卜素更容易释放出来，营养更容易被身体吸收，保健作用更好。

帮助消化＋改善便秘

芋香蒜味魔芋 （1人份）

材料	调味料
魔芋…120克	味噌酱…4大匙
芋头…150克	白糖…2大匙
白萝卜…120克	料酒…2大匙
	蒜泥…1大匙

热　量：	415.6千卡
蛋白质：	4.7克
脂　肪：	1.9克
糖　类：	84.2克
膳食纤维：	13.8克

做法

1. 将魔芋切成大块；白萝卜与芋头清洗干净，去皮切成大块。
2. 将芋头块与魔芋块分别放入滚水中烫过取出。
3. 锅中放入味噌酱、白糖及料酒，倒入2杯水，再放入所有材料一起炖煮，材料入味，加入蒜泥以小火再煮3分钟，即可。

吃出食疗力

魔芋中的膳食纤维能促进肠道蠕动，多吃些也不怕会发胖。芋头的黏滑成分有润肠通便的功效。

氽烫的技巧

氽烫法特别适合烹煮蔬菜，只要将蔬菜放在水中稍微烫过即可食用，这样能突出蔬菜的鲜美滋味。

氽烫是指将清洗过的蔬菜快速在滚水中烫过取出。烫过的蔬菜能直接搭配蘸酱食用，或制作成凉拌小菜。氽烫的烹调方法能保留蔬菜鲜艳的色泽，也能保持其清脆的口感。

氽烫的方式特别适合用于烹调蔬菜，因为蔬菜中含有丰富的维生素C与矿物质，只要将蔬菜放在水中稍微烫过，即能突显蔬菜的鲜美滋味，还能保留蔬菜中的营养素，避免大火炒菜，使营养素大量的流失。

氽烫蔬菜能够避免人体摄取大量的油脂，也能保留蔬菜所含的营养物质。只要在烫过的蔬菜上淋上酱油或醋，就是一道美味的佳肴。

氽烫蔬菜的要领

在锅中一次性放入大量的水来烫煮，能保持水的温度，使蔬菜快速煮熟。

水煮滚后，再将蔬菜分批下锅。烫好的绿叶蔬菜要立即取出，放入冷水中快速冷却，有助于去除蔬菜涩味，也能保持蔬菜的鲜艳色泽。

此外，也可在滚水中加入少许盐，再将绿叶蔬菜放入氽烫，煮约2分钟即可快速取出，将绿叶蔬菜放入冷水中快速冷却，接着将蔬菜沥干水分，并切成大段，加上简单的调味料即可食用。

烫菠菜 2人份

材料	调味料
菠菜…400克	盐…1小匙
葱…适量	香油…适量
姜…少许	酱油…1大匙

- 热　量：88.0千卡
- 糖　类：12.0克
- 蛋白质：8.4克
- 脂　肪：2.0克
- 膳食纤维：9.6克

做法

❶ 将菠菜洗干净，切段。

❷ 锅中放水煮滚，放菠菜段氽烫后取出，沥干水分。

❸ 将葱切成细丝；姜切成碎末，与葱丝、调味料一起放入碗中拌匀。

❹ 将调好的酱汁淋在菠菜上即可。

高纤瘦身＋防癌抗老

吃出食疗力

菠菜中含有丰富的维生素A，能润肤养颜；含有的膳食纤维有助于改善便秘，消除体内燥热，改善痤疮；含有的大量铁和微量锰可预防贫血。

炒的技巧

锅里放入适量油烧热，将切好的食材与调味料倒入锅中，再用大火快速翻拌炒熟，就是所谓的油炒烹调法。

将蔬菜切段后放入锅中以大火快炒。快炒的要领是通过短时间的高温烹熟蔬菜，先加热炒锅，直到锅冒烟为止。接着在锅中放油，油烧热后放入蔬菜，持续拌炒能让蔬菜在锅中平均受热，如此能使菜的色泽鲜亮。

炒蔬菜的要领

运用炒的方式烹调蔬菜时，油量不要太多。在拌炒蔬菜时加约2匙的油，能有效保留蔬菜的汤汁。放入蔬菜稍微拌炒后，就盖上锅盖，让蔬菜均匀受热，然后将火关小，蔬菜就会慢慢烹熟。

油量多且油温很高时，蔬菜中的B族维生素较易流失。不要为了保持蔬菜菜叶的美观而加入小苏打粉，这样容易加速蔬菜营养的流失。

营养加倍秘诀

黄绿色的蔬菜，如菠菜、胡萝卜或彩椒中含有丰富的胡萝卜素，建议在烹调时加入油一起拌炒。这是因为胡萝卜素属于脂溶性营养素，若与油脂一起烹调，更容易被人体吸收。用油炒胡萝卜，人体对胡萝卜素的吸收率会更高。

炒蔬菜的重点

❶ **动作要快**：为避免烹炒时间过久，使蔬菜炒得过老，因此炒的动作要快，所有的调味料最好事先备好。使用大火快速翻炒，能缩短蔬菜的烹调时间，也能避免营养流失过多。最好在蔬菜还没有出水时，快速拌炒完毕。

❷ **油中加盐**：在热油里面放一匙盐，能使蔬菜保持鲜艳的色泽。

炒菜时的油温建议

炒菜时应尽量避免油温过高。如果油温已经超过200℃，会使油脂中的脂溶性维生素受到破坏，也会使对人体有益的必需脂肪酸被氧化，形成过氧化脂质。

这种过氧化脂质不仅有害人体健康，也会破坏食物中的维生素，还会阻碍人体吸收蛋白质。

此外，过高的油温也会使油脂本身的营养价值降低，使用高温来炒蔬菜，蔬菜中的维生素C会遭受破坏。

适合大火快炒的蔬菜

白菜、卷心菜、红薯叶、菠菜、芹菜、上海青等叶类蔬菜，在快炒时能够保留较多的营养。

预防心血管疾病＋保护血管

核桃炒卷心菜

营养分析档案

- 热　量：188.9千卡
- 脂　肪：17.5克
- 糖　类：5.2克
- 膳食纤维：1.9克
- 蛋白质：2.7克

材料
卷心菜……100克
核桃……2小匙
大蒜……1瓣

调味料
盐……1/2小匙
橄榄油……2小匙

做法
1. 将卷心菜洗干净，切大片。
2. 将大蒜切成小片，核桃切块。
3. 锅中放入橄榄油，加入蒜片爆香，加入卷心菜拌炒。
4. 放入核桃块拌炒均匀，待卷心菜熟软，加盐调味即可。

吃出食疗力

　　核桃与橄榄油中含有丰富的不饱和脂肪酸，对防治常见的心血管疾病非常有帮助，配上富含膳食纤维的卷心菜，便是一道保护血管的保健菜肴。

抗氧化＋增进食欲

热炒豆豉苦瓜片

营养分析档案

- 热　量：91.9千卡
- 脂　肪：5.2克
- 糖　类：10.2克
- 膳食纤维：2.3克
- 蛋白质：1.0克

材料
苦瓜……120克
大蒜……1瓣
豆豉……少许

调味料
料酒……1大匙
盐……1小匙
色拉油……1小匙

做法
1. 将大蒜切片；苦瓜洗干净，切片。
2. 锅中放入色拉油烧热，放入蒜片爆炒，加入豆豉及苦瓜片翻炒。
3. 加入料酒与水搅拌均匀，再加入盐一起拌炒即可。

吃出食疗力

　　苦瓜中含有的膳食纤维、维生素C，可以和体内的自由基结合，具有抗氧化作用。苦瓜的微苦味道还能刺激唾液及胃液分泌，有助于增进食欲、促进消化。

凉拌的技巧

凉拌是将生鲜或已经煮熟的蔬菜加入简单的调味料调味，等到蔬菜入味后即可食用的简便的烹调方法。

将调味料准备好，先进行调制，再将预备凉拌的材料煮熟或放入滚水中氽烫，并沥干水分。最后将调制好的调味料加入主料中，充分搅拌均匀即可。

营养加倍秘诀

生食往往比熟食更能够摄取丰富营养。蔬菜中大多含有一种干扰素诱导剂，这种物质会刺激人体产生干扰素，抑制人体细胞癌变，并有抗病毒的作用。

有些人认为蔬果中的干扰素诱导剂无法在高温下生存，只有生食蔬菜才能使其发挥作用。

此外，生鲜的蔬果中大多含有酶，酶是维持人体生理功能正常运作，并促进人体消化代谢的重要物质。酶也不耐高温，经常会在烹调过程中被破坏。只有通过生食蔬果的方法，才能摄取酶，而凉拌就是烹调新鲜蔬果健康又简便的方法之一。

建议在凉拌蔬菜中多放些蒜泥与白醋，如此能增进食欲，还能杀菌。

适合凉拌的蔬菜

胡萝卜、黄瓜、西红柿、青椒、卷心菜、生菜、白菜、芹菜等蔬菜都非常适合凉拌生食。

凉拌前要煮熟的蔬菜

并非所有的蔬菜都适合生食，有的蔬菜在凉拌前，最好先烫熟，这样能避免误食蔬菜中的毒素。

❶ 豆类：毛豆与蚕豆不能生食，因为生的豆类中含有有毒物质，应该在凉拌前先煮熟。

❷ 淀粉类蔬菜：山药、芋头、土豆等蔬菜中含有大量的淀粉，要煮熟后才会变得松软，容易入口，因此应该先煮熟再凉拌。

❸ 含草酸较多的蔬菜：竹笋、洋葱、茭白、苋菜、空心菜、菠菜等都属于草酸含量较高的蔬菜，若直接生吃，草酸会在肠道中与钙形成难以溶解的草酸钙，阻碍人体对于钙的吸收。烹调这类蔬菜时，切记要先将其在滚水中烫过，以去除大部分的草酸。

补血润肤 + 改善贫血

滋补养身 + 预防糖尿病

蒜拌菠菜

（1人份）

营养分析档案

- 热　量：14.9千卡
- 脂　　肪：0.3克
- 糖　类：1.8克
- 膳食纤维：1.4克
- 蛋白质：1.3克

材料
菠菜……60克
大蒜……4瓣

调味料
醋……2小匙
酱油……1大匙

做法
1. 将菠菜洗净，去蒂头切段，氽烫沥干。
2. 将大蒜洗干净，去皮切末。
3. 将醋、酱油充分搅拌，调成酱汁。
4. 把蒜末均匀加入菠菜中，再将调制好的酱汁淋在菠菜上即可。

吃出食疗力

　　说到补血的食材，人们一定不会忘记菠菜，它是非常良好的改善贫血的蔬菜。菠菜富含多种维生素、蛋白质和矿物质，营养十分丰富，尤其是铁的含量较高，能防治缺铁性贫血。

凉拌山药丝

（1人份）

营养分析档案

- 热　量：175.2千卡
- 脂　　肪：6.4克
- 糖　类：25.6克
- 膳食纤维：2.0克
- 蛋白质：3.8克

材料
山药……200克
芝麻……1小匙

调味料
醋……2小匙
酱油……2小匙
香油……1/2小匙

做法
1. 将山药去皮，切成细丝，煮熟。
2. 将全部调味料混合成酱汁，淋在山药丝上，最后撒上芝麻即可。

吃出食疗力

　　山药的黏液中含有黏蛋白，且含有消化酶，可提高人体的消化能力，滋补身体。研究显示，山药若以药膳方式食用，对预防非胰岛素依赖型糖尿病很有帮助。

做色拉的技巧

把色拉调味酱和生菜混合后食用，可以享受蔬菜清爽的口感。在炎炎夏日，色拉十分适合作为饭前开胃菜食用。由于其做法简便，所以深受人们喜爱。

将新鲜蔬菜清洗改刀后直接加入调味料生食，就是色拉的烹调方法。做色拉最重要的是选择新鲜的蔬菜，这样才能品尝美味口感。

将叶类蔬菜的叶片摘下，清洗干净，放入冷水中浸泡片刻，然后取出，直接以手撕成小块，充分沥干水。与此同时，需要准备色拉酱汁，等到上桌前，再将色拉酱汁放入菜叶中。

色拉调理重点

❶ 将新鲜的菜叶预先浸泡在冷水中，浸泡后再撕成小块食用，能保持蔬菜的清脆口感。

❷ 浸泡过后的菜叶，要充分沥干水，这样能保持蔬菜色拉的清爽口感。

适合做色拉的蔬菜

菜花、生菜、芦笋、西红柿、芹菜、苜蓿芽、豆芽菜、卷心菜、洋葱、黄瓜、胡萝卜等。

高纤通便＋促进胃肠蠕动

核桃生菜色拉　1人份

材料	调味料
核桃…2匙	橄榄油…2小匙
生菜…4片	柠檬…半个
黄瓜…1根	白胡椒粉…适量
胡萝卜…半根	

- 热　量：181.8千卡
- 糖　类：3.5克
- 蛋白质：2.5克
- 脂　肪：17.6克
- 膳食纤维：1.6克

做法

❶ 将生菜洗干净，切成片。

❷ 将核桃切碎；黄瓜洗净，切成小块；胡萝卜切片焯熟；柠檬挤汁备用。

❸ 将橄榄油与柠檬汁混合成调味酱汁。

❹ 将所有材料放入大碗中，淋上调味酱汁，并撒上白胡椒粉即可。

吃出食疗力

核桃含有的丰富亚麻酸及亚油酸，它们是维持人体健康不可或缺的必需脂肪酸。核桃中含有的膳食纤维可促进胃肠蠕动，帮助消化及排便，预防便秘。

炖的技巧

炖煮的方式能使人体有效吸收食材中的营养，这种方式特别适于烹调根茎类蔬菜，能保留蔬菜的鲜美甘甜风味。

炖是一种间接加热的烹调方式，它通过炉火的高温，使炖锅内的汤水温度升高，将炖锅内的食材缓慢煮熟。

炖煮法能在长时间的烹调过程中，有效释放食材的精华，将食材的汁液与配料混合，使炖煮的汤汁鲜美可口。炖煮法特别适于烹调根茎类蔬菜，能使人品尝到这类蔬菜的甘甜风味与多汁口感。

营养加倍秘诀

炖锅中要放一点油，再加入一些盐，如此能提高温度，帮助食材尽早煮熟。也可以适当地加入醋，这样既能调味，又能避免维生素C在高温炖煮的过程中被破坏。

炖煮时需要加盖，这样材料的香味就不容易因长时间炖煮而流失。炖煮的时间需充足，如果炖煮的时间太短，食材就不容易煮软，汤汁也会缺少香浓的味道。

利尿消肿 + 改善糖尿病症状

菠萝炖苦瓜

材料	调味料
苦瓜…200克	白糖…1/4小匙
胡萝卜片…50克	
菠萝块…50克	

- 热　量：101.3千卡
- 糖　类：21.4克
- 蛋白质：2.4克
- 脂　肪：0.7克
- 膳食纤维：5.7克

做法

1. 将苦瓜洗净，去籽、瓤，切块。
2. 将不粘锅加热，加白糖略炒，再加1/2杯水略煮。
3. 将所有材料一同放入锅中，加水炖煮至汤汁略干即可。

吃出食疗力

研究发现，苦瓜中所含的苦瓜素可以刺激葡萄糖转运蛋白的活性，故能促进葡萄糖代谢。菠萝则具有利尿消肿的功效。这一炖菜非常适合糖尿病患者食用。

蒸饭的技巧

将食物放入蒸锅内或电饭锅中蒸煮，用水蒸气的热力将食物烹熟。使用蒸的烹调方式，食物中的营养素流失较少，因此是一种较为健康的烹调方法。

用大米蒸出的米饭通常给人单调的印象。其实只要在米饭中适当地加入蔬菜或五谷杂粮，就能带给米饭丰富的口感，还能增加米饭的营养价值。

蒸一锅美味素食饭

❶ 燕麦饭：即将燕麦与大米一起蒸成饭。燕麦中含有丰富的膳食纤维，并含有不饱和脂肪酸，有助于调节肠道功能，也能调节胆固醇合成，比一般米饭更能保护心血管健康，同时也是对肠道健康有益的主食。

由于燕麦饭中的膳食纤维能促进脂肪代谢，经常食用有利于保持身材，防止肥胖与便秘。

❷ 红薯饭：即将红薯去皮切块后与大米一起煮饭。红薯是一种碱性蔬菜，煮成饭食用，能中和大米饭的弱酸性，有利于调节血液的酸碱水平，使血液保持健康的弱碱性。

❸ 山药饭：将大米加入切好的山药块一起煮成山药饭，是营养丰富的滋补主食。山药中含有丰富的黏蛋白，能防止血管中的脂肪堆积，保护血管，有助于预防动脉硬化。山药中的膳食纤维也具有良好的促消化作用，还可润肠通便，预防便秘。

❹ 绿豆饭：绿豆属于凉性食物，具有清热解毒的功效，还能帮助人体排出多余水分。绿豆饭也能调节血压，有助于预防中暑。

❺ 南瓜饭：将南瓜去皮切块，与大米煮成南瓜饭。南瓜中含有大量的胡萝卜素，多食用南瓜饭能增强人体的抵抗力，有助于防治癌症。

南瓜中含有甘露醇，有整肠通便的功效，是良好的排毒食材。南瓜中也含有丰富的果胶，有助于调节血糖，适合糖尿病患者食用。

豆类与谷类一定要煮熟

用五谷杂粮或豆类来蒸米饭时，注意一定要将谷类蒸熟。由于谷类与豆类的质地比较坚硬，如果没有蒸熟，很容易导致人食后消化不良。

蒸豆类米饭时，最好先煮豆类，等到煮熟后，再将其与米饭一起蒸成饭。如此能确保米饭的口感松软，容易入口和消化。

预防高血压 + 补充营养

清热解毒 + 吸附油脂

杂谷饭 ①人份

营养分析档案

- 热　量：1147.2千卡
- 脂　　肪：83.5克
- 糖　类：240.0克
- 膳食纤维：16.5克
- 蛋白质：29.5克

材料

薏苡仁……1/4杯　　紫米……1/6杯
荞麦……1/4杯　　发芽米……1/2杯
小米……1/6杯
燕麦……1/4杯

做法

1. 将所有材料洗净，薏苡仁和荞麦在水中浸泡2小时后捞出备用。
2. 将所有材料放入电饭锅中。
3. 加入适量水蒸熟即可。

竹笋绿豆饭 ④人份

营养分析档案

- 热　量：987.8千卡
- 脂　　肪：2.8克
- 糖　类：201.4克
- 膳食纤维：13.6克
- 蛋白质：39.2克

材料

新鲜竹笋……50克
大米……1杯
绿豆……1杯

做法

1. 将竹笋洗净，切成丝备用。
2. 将大米、绿豆洗净，与竹笋丝一起放入电饭锅中。
3. 加入适量水蒸熟即可。

吃出食疗力

　　杂谷饭中含有丰富的营养物质，如膳食纤维、B族维生素、维生素E、β-葡聚糖、花青素，对预防高血压和高脂血症均有非常好的效果。

吃出食疗力

　　绿豆能清热解毒、消暑利湿；竹笋中的膳食纤维可以吸附油脂，减少人体对脂肪的吸收，预防高脂血症。此道主食对患有高血压、心脑血管疾病的人特别有益。

熬粥的技巧

熬粥是最适合五谷杂粮的烹调方式，可以使谷类更易入口。此外，搭配其他养生食材烹调，更能提高粥品的保健功效。

米类或谷类加入清水，慢火熬煮成的浓稠食物，就是亚洲饮食文化中独有的"粥"。

粥口感细滑柔软，若将比较粗硬的五谷杂粮熬煮成五谷粥，既可以提振食欲，还能使食物更容易入口。

中国古代的养生理论很推崇粥的养生功效。中医认为糯米与五谷熬制的粥，具有一定的补气功效，若能加入其他养生食材，如红枣、枸杞子、芋头等，更能提高粥品的保健作用。

使营养倍增的"粥油"

熬制完成后，粥的表面会浮一层黏稠的、看起来像膏油的物质，一般被称为"粥油"。以小米和大米这两种食材来说，中医认为其具有健脾胃、补气的功效，若使用它们来熬粥，大部分的营养物质会进入"粥油"中。

煮粥的注意事项

在煮粥时，必须将煮粥的锅清洗干净，不能沾有油污。因为使用沾有油污的锅煮粥，将无法获得优质的"粥油"。

选择新鲜的谷类来煮粥，才能发挥其优秀的滋补功效。食用存放过久的谷类所煮出来的"粥油"，滋补功效会大大降低。

哪些食材适合煮粥

❶ 糯米：糯米的口感黏滑，煮饭较不容易消化，比较适合煮成粥。如糯米红枣粥很适合在秋季食用。

❷ 玉米：玉米的膳食纤维含量丰富，其胚芽部位含有许多重要的营养素，能促进新陈代谢，保护视力，还有调节神经系统的功能。多喝玉米粥，能使皮肤润泽，有助于延缓衰老。

❸ 小米：小米粥不仅味美，且具有极高的营养价值，中医认为其具有类似人参汤的功效。小米中含有多种氨基酸与维生素，并含有丰富的胡萝卜素。

小米粥能提振食欲，有利于增强胃肠功能，还有改善贫血的功效。对体虚的老人与产妇具有较强的滋补功效。

❹ 薏苡仁：薏苡仁中含有丰富亚麻酸，煮成粥后易于消化，能增强体质，并减轻胃肠的负担，还有良好的防癌功效。多食用薏苡仁粥，还可美容养颜，保持皮肤细致光滑。薏苡仁适合与莲子、白果或红枣一起熬煮成滋补粥，有良好的润肤整肠功效。

❺ 黑米：黑米的外形扁平，有独特的香气。黑米中含有18种氨基酸与多种微量元素，并含有丰富的维生素B_1与维生素B_2，具有活血与滋补作用，能有效补血，改善贫血与头晕目眩的症状，是绝佳的滋补食品。

降低胆固醇＋防治高血压

金黄玉米粥

营养分析档案

- 热　量：377.9千卡
- 脂　肪：1.3克
- 糖　类：82.9克
- 膳食纤维：0.9克
- 蛋白质：8.7克

材料

玉米……50克
大米……100克

调味料

盐……1小匙

做法

❶ 将玉米洗净，放入果汁机中打碎备用。
❷ 将大米洗干净放入锅中，放入适量水、玉米碎，以大火熬煮。
❸ 煮滚后改以小火煮成粥，加盐调味即可。

吃出食疗力

　　玉米中的不饱和脂肪酸，尤其是亚油酸、亚麻酸的含量较高，其与玉米胚芽中的维生素E协同作用，可降低血液中胆固醇的浓度，并防止其沉积于血管壁。对冠心病、动脉硬化、高脂血症及高血压等疾病都有预防的作用。

健胃整肠＋减重瘦身

高纤竹笋粥

营养分析档案

- 热　量：675.4千卡
- 脂　肪：2.2克
- 糖　类：145.0克
- 膳食纤维：5.5克
- 蛋白质：19.0克

材料

竹笋……200克
大米……180克
枸杞子……适量

调味料

盐……少许

做法

❶ 将竹笋清洗干净，去皮切成细丝；大米、枸杞子分别洗净。
❷ 大米加适量水，以大火煮至半滚，放入竹笋丝，改小火熬煮成粥。
❸ 撒入盐、枸杞子调匀即可。

吃出食疗力

　　竹笋含有蛋白质、维生素A、维生素B$_1$、维生素B$_2$、矿物质，还富含膳食纤维，是热量极低的食材。常吃竹笋，有健胃整肠、促进肠道蠕动、预防便秘的功效，竹笋是极佳的减肥食材。

熬煮蔬菜汤的技巧

炖汤的时候，往往会添加许多美味、有营养的食材，一碗汤就能带给人们丰富的营养。即使是只使用素食材料烹调的汤，也能带给人们充足的能量。

汤能带给人充足的能量，使疲劳的身体恢复活力。使用各种食材烹调的汤品不仅富有营养，为身体提供必需的养分，同时还可以调理胃肠，有效促进代谢，对机体功能的维护大有裨益。

用豆类烹调的汤，因为含有丰富的蛋白质、矿物质与维生素，所以成为补充人体元气的重要来源。如荷兰传统的豌豆汤，就是提供给水手出航时饮用的，能带给人丰富的营养，并具有增强体力的作用。

日本人很擅长用豆腐制作各种菜肴，其中汤豆腐就是典型的豆腐菜肴。如果你赴日本旅行，便有机会品尝各种美味的汤豆腐。以简单的素食高汤熬煮一块鲜嫩的豆腐，加上姜汁调味，往往能使人食用后充满活力。

充满能量的蔬菜高汤

说到汤，人们首先会想到高汤。过去人们熟知的高汤，不外乎是猪骨或牛骨加入清水熬制的汤底，具有较多的动物性脂肪与营养。

高汤是烹调的重要基础材料，煮汤、炖菜或炒菜，使用高汤都能为食物增添风味，使其味道更好。

以动物骨头熬制的高汤，油脂含量高，口感油腻，若每天食用，容易使人体健康受到威胁。现在，采用蔬菜或海藻来熬煮高汤，可说是符合潮流的饮食新方法。

日本人很擅长用海带来熬煮高汤，海带中的矿物质与维生素含量丰富。在熬煮高汤的过程中，所有的营养都会溶解在汤汁中，使高汤的滋味甘甜无比。

使用海带高汤来煮火锅、下面条，或制作炖菜，口感都很清新爽口，同时还具有很高的营养价值。

营养加倍秘诀

炖汤的时候，所用的食材往往比较大块，不易炖熟。应将食材冷水下锅，让食材慢慢释放出营养。

煮汤最忌频繁加水，应该使用足量水慢慢熬煮，不要一直频频加水，以免破坏汤的味道。此外，应随时将浮沫捞出，但不要将油脂一起捞出，等到汤煮好后再将油脂去除即可。

调和五脏 + 美容瘦身

稳定血糖 + 改善贫血

爽口绿豆芽汤 （1人份）

营养分析档案

- 热　量：23.1千卡
- 脂　　肪：0.3克
- 糖　类：3.2克
- 膳食纤维：1.0克
- 蛋白质：1.9克

材料　　　　　　调味料
绿豆芽……60克　　盐……1小匙
彩椒圈……适量

做法

1. 将绿豆芽洗干净。
2. 锅中放入清水，将绿豆芽放入锅中炖煮。
3. 煮滚后改小火，将绿豆芽煮软后加入盐调匀，装盘时摆上彩椒圈即可。

吃出食疗力

　　绿豆芽是碱性食物，有消暑清热、调和五脏、利尿消水肿的功用，且热量低，能保护血管、防治心血管疾病；所含大量的膳食纤维还具有美容瘦身的功效。

菠菜西红柿汤 （1人份）

营养分析档案

- 热　量：36.4千卡
- 脂　　肪：0.5克
- 糖　类：5.7克
- 膳食纤维：2.6克
- 蛋白质：2.2克

材料　　　　　　调味料
菠菜……80克　　盐……少许
西红柿……80克

做法

1. 将菠菜洗净，切段；西红柿洗净，去蒂切块。
2. 锅中放入清水煮开，加入西红柿块烧煮，煮滚后加入菠菜段。
3. 再次煮滚后加入盐调味即可。

吃出食疗力

　　菠菜最为人所知的便是其治疗贫血的功效，它含有丰富的铁、钙及维生素C和维生素K，有补血的作用。近来有研究发现，菠菜含有一种与胰岛素作用类似的物质，多吃菠菜有利于血糖的稳定。

榨蔬果汁的技巧

蔬果汁是品尝新鲜蔬果最直接的方法，也是使人体获取多种营养与能量的好方法。每天早晨喝一杯现做的蔬果汁，是保养身体的最佳饮食方式。

用新鲜蔬菜与水果榨成的蔬果汁是一种很好的排毒饮品。蔬果汁中含有多种营养物质，经常饮用蔬果汁，可以促进体内代谢物的排出，保持体内器官的健康。

蔬果汁中含有丰富的膳食纤维，能促进肠道蠕动，有助于防治便秘。蔬果汁属于碱性饮品，还能促进血液循环与新陈代谢。

多饮用蔬果汁能使人精力充沛，也能有效预防肥胖。不过要注意控制水果的分量，以免摄取过量糖分。

鲜榨蔬果汁富含酶

蔬果汁中含有酶，这种酶有助于保持细胞的完整性，并能修复细胞，还能辅助肝脏排毒。

酶不耐高温，容易在烹调过程中被破坏。只有通过食用生鲜蔬果，才能有效摄取。蔬果汁就是使人体充分摄取酶的最简便方法。

营养加倍秘诀

要充分摄取蔬果汁中的营养，就应该趁新鲜饮用，即在制作完成后马上饮用。由于蔬果汁很容易变质，最好不要长时间放在室温环境中，更不宜留至第二天。如无法马上饮用，也应该放入冰箱中保存。

榨好的蔬果汁如果放置时间过久，其中的营养素容易被破坏，尤其是其所含的维生素容易与空气接触而被氧化，建议榨好汁后立即饮用。

制作蔬果汁的注意事项

❶ 保持双手清洁：制作蔬果汁之前，要将双手清洗干净。若有事暂时离开操作台，再度返回时，要将双手用洗手液再次清洗干净。清洁双手能避免细菌进入蔬果汁，影响饮食卫生。

❷ 彻底洗净制作工具：清洁卫生的工具能帮助我们制作干净安全的蔬果汁。制作蔬果汁前，应该对制作蔬果汁的刀具、菜板、果汁机、抹布等进行彻底清洁，使用完毕后也应再次冲洗干净。操作台也应该保持清洁卫生。

❸ 尽量少加调味品：制作蔬果汁以新鲜、原味为原则，可以不添加调味品。如果某些蔬果汁的蔬菜味较重，如芹菜汁、胡萝卜汁，可以酌量调入蜂蜜，蜂蜜能适当增加甜味，还有助于增强人体抵抗力。

清肺润肠 + 防治脑卒中

保护肝脏 + 排毒美白

香蕉草莓汁 1人份

营养分析档案

- 热 量：226.2千卡
- 脂 肪：0.6克
- 糖 类：51.9克
- 膳食纤维：4.7克
- 蛋白质：3.4克

材料
香蕉……2根
草莓……100克

做法
1. 将香蕉去皮，切段。
2. 将草莓洗干净去蒂。
3. 将香蕉段与草莓一起放入果汁机中，加水打成果汁即可。

吃出食疗力

　　香蕉有祛热、清肺、润肠的功效，可刺激肠道蠕动，帮助消化。草莓则可以预防维生素C缺乏病，对防治动脉硬化、冠心病及脑卒中等有特殊功效。

甜菜根苹果汁 1人份

营养分析档案

- 热 量：107.1千卡
- 脂 肪：0.3克
- 糖 类：24.5克
- 膳食纤维：2.9克
- 蛋白质：1.6克

材料
甜菜根……150克
苹果……1个

做法
1. 将甜菜根清洗干净，去皮，切块。
2. 将苹果清洗干净，去皮、核，切块。
3. 将甜菜根块与苹果块放入果汁机中，加水打成果汁即可。

吃出食疗力

　　甜菜根中含有十分丰富的甜菜碱，具有降低血脂、促进肝组织修复的功能。苹果中的苹果多酚具有抗氧化、抑制黑色素生成、预防高血压的功效。

腌渍的技巧

将叶菜类或瓜果类蔬菜清洗干净，放入容器内，加入盐等调味料，经过干燥、浸泡、腌与制酱等处理过程，使调味料入味的烹调方法就是腌渍。

腌渍的过程中，日光、盐与微生物扮演着重要的角色。将蔬果经过日晒处理，加入调味料，再经过发酵、成熟等过程，蔬菜会呈现特殊的口感与风味。

水果也是常用来做腌渍物的好材料。将水果以小火熬制，加入白糖一起熬煮成浓稠的果酱，是欧美地区常见的腌渍食物。

营养加倍秘诀

腌渍蔬菜可以在每日饮食中佐餐食用，能帮助开胃，有助于预防各种疾病，并增强身体的抗病能力。

腌渍蔬菜中含有丰富的膳食纤维，因此能有效预防便秘与肠炎。许多腌渍蔬菜都以醋腌渍，醋渍蔬菜含有丰富的矿物质，能协助人体降低血压。

各国的腌渍蔬菜

韩国的腌渍蔬菜以泡菜为主。以大白菜或黄瓜、萝卜等为原料，通过添加不同的调味料，制作成风味各异的泡菜。

日本人也很喜欢腌渍蔬菜，他们常用的腌渍调味料是盐、醋与紫苏。不同地区还会使用不同的调味料，制作风味各异的腌渍物，如奈良渍中会加入酒糟。

适合腌渍的蔬菜

❶ **根茎类**：根茎类蔬菜很适合用来腌渍。蔬菜的根茎部位能在腌渍过程中软化，并在酱汁的作用下产生爽脆口感。土豆、白萝卜、胡萝卜、莲藕、山药、芋头等都可以用来腌渍。

❷ **瓜果类**：此类蔬菜具有较高的营养价值，瓜果类蔬菜的组织能在腌渍过程中软化，口感变得更爽脆。

❸ **叶菜类**：叶菜类蔬菜的叶片较宽大，浸泡在酱汁中，能更好地吸收酱汁的精华。大白菜与卷心菜是腌渍蔬菜中的常见材料，这类蔬菜含有较多维生素C，叶酸与胆碱含量也较高，通过腌渍食用，还能帮助人体摄取其所含的铁与镁。

❹ **水果类**：苹果、李子、菠萝、番石榴等水果都很适合用来制作腌渍水果。

抗氧化 + 防癌抗癌

醋渍什锦蔬菜

营养分析档案

- 热　量：217.9千卡
- 脂　　肪：1.5克
- 糖　类：43.4克
- 膳食纤维：8.5克
- 蛋白质：7.7克

材料
南瓜……　200克
大白菜……150克
卷心菜……200克
黄瓜……　30克
胡萝卜……60克

调味料
盐……2大匙
醋……4大匙

做法
❶ 将所有蔬菜洗干净，南瓜、胡萝卜去皮，全部切成小块。
❷ 将所有蔬菜放入密闭容器中，放入盐拌匀，密封静置约8小时。
❸ 加入醋拌匀即可。

吃出食疗力

　　不同的蔬菜可以为人体提供不同的营养物质，具有良好的保健功效。南瓜、胡萝卜富含β-胡萝卜素，有抗氧化的作用，可以预防癌症。

改善体质 + 保护视力

果醋胡萝卜丝

营养分析档案

- 热　量：200.5千卡
- 脂　　肪：2.5克
- 糖　类：39.0克
- 膳食纤维：13.0克
- 蛋白质：5.5克

材料
胡萝卜……4根

调味料
苹果醋……1杯

做法
❶ 将胡萝卜洗干净，去皮刨成细丝。
❷ 将胡萝卜丝沥干水分，放入密闭容器中。
❸ 在容器中倒入水与苹果醋。
❹ 将容器盖紧，放置在阴凉处腌渍2天即可。

吃出食疗力

　　胡萝卜含有丰富的维生素A，可促进人体细胞正常生长与增殖，维持上皮组织的完整性，预防呼吸道感染及保护视力，还能治疗夜盲症和干眼症。苹果醋可改善体质，保持身体健康。

Chapter 3

多国超人气美味素食

美国、德国、意大利……看看世界各地的人怎么吃素。十余道不同国家的美味素食端上桌，给你满满的幸福好滋味。

美式素食

美式素食跨越了宗教信仰，成为以环保与健康为主张的新风潮。美式素食以简单为原则，保留蔬果食材的原本风味，追求无负担的健康饮食方式。

美国的素食特色

美国人喜好肉食，但近年来在美国也兴起了素食的风潮。据统计，美国的吃素人口已经有上千万人，并还在持续增加中。

在美国，素食已经逐渐跨越宗教信仰，成为一种崇尚健康与关爱地球的饮食方式。由于全球变暖问题日渐严重，许多美国的年轻人甚至以吃素来表达自己的环保主张。到了今天，原本备受冷落的素食已经成为美国人餐桌上的重要角色。

美国的素食文化

美国的素食风潮甚至还席卷到时尚界，许多好莱坞名人带头参与素食运动，如莱昂纳多、麦当娜、娜塔莉·波特曼、帕梅拉·安德森等知名艺人，都公开宣传素食的好处，并宣扬素食是一种有益身心的生活方式。

西雅图是著名素食城市

在西雅图，当地人对素食的热爱令人惊叹，各色素食餐厅遍布街头巷尾。西雅图也有着浓厚的素食文化，许多以素食为主题的杂志在书店中很受欢迎。西雅图可说是美国著名的素食城市。

由于美国西岸具有较为悠久的移民历史，故当地人对外来文化与新观念抱有开放的态度，对各种不同的生活方式也具有较大的包容性，这为素食文化提供了较大的发展空间。

素食以简单自然为原则

美国人的素食饮食方式以简单为原则，要求食材新鲜，讲求自然与新鲜，少用调味料，少盐、少糖，不采取高温煎炸的烹调方式，避免过度烹调，尽量生食，或以凉拌、蒸煮的方式来烹调食物，以保留素食食材的原本风味，追求无负担的健康饮食方式。

清除自由基 + 保护细胞

补充营养 + 保护视力

夏威夷比萨

营养分析档案

- 热　量：822.0千卡
- 脂　　肪：40.6克
- 糖　类：75.9克
- 膳食纤维：5.8克
- 蛋白质：38.3克

材料

菠萝……4片　　　　现成比萨皮……1个
素虾仁……50克　　　西红柿酱……25克
奶酪丝……180克

做法

① 将菠萝切小块；素虾仁依个人喜好切块。
② 将烤箱温度设定为180℃，预热5分钟。
③ 将比萨皮涂抹上西红柿酱，铺上素虾仁与菠萝块。
④ 撒上奶酪丝，然后放入烤箱中烤20分钟即可。

吃出食疗力

在制作比萨皮过程中可添加橄榄油，橄榄油中丰富的维生素E可清除自由基，保护细胞。且比萨常会使用西红柿酱来调味，西红柿酱中的番茄红素可以降低前列腺癌的发病率。

奶油玉米浓汤

营养分析档案

- 热　量：1204.6千卡
- 脂　　肪：47.0克
- 糖　类：167.1克
- 膳食纤维：7.1克
- 蛋白质：28.3克

材料

玉米粒……50克　　　植物奶油……3大匙
熟通心粉……200克　鲜奶……1.5大匙
蘑菇……6朵　　　　香草碎……2克
素火腿……20克

调味料

盐……1/2小匙

做法

① 将蘑菇洗净，去蒂切成小片；素火腿切块。
② 平底锅加植物奶油烧热，放入蘑菇片炒香。
③ 深口锅中加入9杯清水煮滚，加入玉米粒、素火腿块与炒好的蘑菇片炖煮。
④ 加盐、通心粉与鲜奶拌匀，改小火炖煮。
⑤ 再次煮滚后熄火，撒上香草碎即可。

吃出食疗力

通心粉是由小麦制作的食物，小麦富含淀粉、蛋白质、维生素E等，可放松神经，预防癌症。玉米含有的玉米黄素，可预防老年性黄斑病变。

德式素食

如今，德国人开始流行吃素与有机食品，他们将豆浆、豆腐等食品作为主要食材烹调素食，而德国的素食专卖连锁店已有几千家。

德国的素食特色

众所周知，德国是个注重环保的国家，德国政府的环保政策相当完善，且能很好地落实。很多德国人每天的生活都与绿色环保息息相关。

在德国，使用环保袋是最基础的环保行为，而家庭主妇每天都要花很多时间来进行垃圾分类，以响应政府推动的垃圾分类措施。

德国人对环保的态度也反映在饮食上。原本德国人喜欢吃肉，各式香肠与汉堡是德国人餐桌上不可或缺的主角。

然而随着生态环境的改变，注重环保的德国人意识到，畜牧业对环境已造成严重的威胁，加上动物疫病频发，现今已有越来越多的德国人改吃素食和有机食品。肉类饮食已不再是德国餐饮的主流。

德国的素食文化

保护环境与促进健康的主张，使更多德国人加入素食饮食的队列中。

过去，只有积极的环保主义者才会支持有机食品，但现今支持德国有机食品的人群中，中产阶级与高级知识分子占了大部分。有机食品商店逐渐普及，就连一般的超市也能买到有机食品。

大学生推动素食风潮

最早推动素食餐饮的是德国柏林大学的学生。他们认为多吃肉有害健康，学校的餐厅为了满足学生的需求，便在菜单上减少肉类饮食，主推以蔬菜、豆类及各种豆制品为主的餐饮。因而掀起了大学生吃素的风潮，此风潮还被学生群体推广至社会大众。

现今许多德国汉堡店里所售的汉堡包里都没有牛肉或猪肉，而是以豆腐为汉堡馅料，并以蔬菜为配料。

德国是现今世界上素食文化非常普及的国家之一，连素食饮食店都连锁经营，专卖素食的连锁店有很多，并在德国境内得到持续发展。

德国的素食连锁店不只出售蔬菜与水果，同时也出售各种未经加工的谷类食品以及各种美味素食菜肴的成品，方便人们外带回家享用。

清除代谢物 + 润肠通便

养颜美容 + 延缓衰老

德国素香肠佐酸菜 1人份

营养分析档案

- 热　量：361.5千卡
- 脂　　肪：22.8克
- 糖　类：24.8克
- 膳食纤维：3.7克
- 蛋白质：14.3克

材料

腌渍酸菜……15克　　植物奶油……10克
素香肠……2根　　　　牛奶……2匙
土豆……1个

调味料

盐……少许

做法

1. 将士豆蒸熟，去皮捣成泥，加入盐、植物奶油与牛奶混合搅拌。
2. 将素香肠切片备用。
3. 平底锅中放油烧热，将素香肠放入锅中煎熟。
4. 在盘中放入素香肠，旁边加上腌渍酸菜及土豆泥即可。

吃出食疗力

利用黄豆及魔芋做成的素香肠属低热量的食品，其所含的膳食纤维可促进胃肠蠕动，清除肠道内代谢废物，并具有整肠、预防便秘的作用。

黑森林樱桃果酱 10人份

营养分析档案

- 热　量：1196.0千卡
- 脂　　肪：2.0克
- 糖　类：290.0克
- 膳食纤维：7.5克
- 蛋白质：4.5克

材料

樱桃……500克
柠檬汁……20克

调味料

白糖……200克

做法

1. 将樱桃洗干净，去核。
2. 将樱桃放入锅中，加适量水以小火熬煮。
3. 将表面的浮沫撇去，加入白糖，以小火熬煮15分钟。
4. 加入柠檬汁搅匀，煮至樱桃呈浓稠状即可。

吃出食疗力

樱桃含有丰富的铁，可以防治缺铁性贫血；所含蛋白质、糖、磷、类胡萝卜素和维生素C可养颜美容、延缓衰老、预防感冒；富含的膳食纤维能促进胃肠蠕动，预防便秘。

意式素食

意大利饮食以橄榄油为烹调基础，橄榄油有很好的抗氧化作用。而南欧人乳腺癌发病率低，可能与健康素食有很大关系。

意大利的素食特色

传统的意大利食物以肉类为主，但是现在已有越来越多的意大利人选择素食的饮食方式，目前整个意大利的素食人口约有150万人。

意大利人的饮食以橄榄油为烹调基础，以各种与西红柿海鲜为主要的食材，烹调出美味的意大利菜肴。

橄榄油具有很好的抗氧化作用，且具有温和的促进代谢的作用，可帮助身体抵抗自由基的氧化作用，清除各种致癌因子。而西红柿的抗癌能力很强，因此意大利人普遍使用西红柿来制作三餐，以增强抗癌能力。

南欧地区的女性，罹患乳腺癌与子宫颈癌的概率相当低，这可能与她们很少吃油腻食物，常吃健康素食有很大的关系。

意大利的素食文化

意大利人的素食文化起源相当早，众人皆知的意大利面也与素食有着很大的关系。素食早已是意大利人餐桌上不可缺少的食物，意大利面至少有500种，酱料的种类也在1000种以上，其中一半以上的意大利面酱料，是以天然素食材料制作的。

意大利酱的种类

意大利面中有4种酱料是用素食材料制作的，即白酱、红酱、青酱、清炒酱。利用素食食材制作美味酱料，你自己也可以轻轻松松地做出一道可口的意大利面。

❶ **白酱**：用牛奶、面粉与奶油调制而成的白色酱汁。白酱的特色是奶香浓郁，口感醇厚，经常用来制作焗烤类食物、奶油宽面与奶油浓汤。

❷ **红酱**：以西红柿为基础制作的红色酱料，通常用来搭配海鲜与肉类，或添加蘑菇做成红酱汁，它是制作意大利比萨的重要酱料。

❸ **青酱**：用新鲜罗勒叶、松子、奶酪与橄榄油制作的绿色酱汁。这种青酱非常受意大利人的欢迎，经常被用于制作松子青酱面等。

❹ **清炒酱**：制作这种酱汁，仅以橄榄油、大蒜与辣椒为材料，再加入盐调味。这种酱汁散发出天然的气息，是比较清新的意大利面酱料。

240

高纤营养 + 低糖滋补

蘑菇意大利面 （3人份）

营养分析档案

- 热　量：1710.1千卡
- 脂　肪：37.3克
- 糖　类：297.8克
- 膳食纤维：12.2克
- 蛋白质：45.6克

材料

大蒜……2瓣
西红柿酱……80克
意大利面……350克
蘑菇……80克
新鲜香草……2克

调味料

橄榄油……2大匙
盐……1/3小匙

做法

1. 将大蒜洗干净，去皮切成薄片；蘑菇洗干净，去蒂切成薄片。
2. 深口锅中放入清水，煮滚后放入意大利面，煮熟后捞起沥干水分备用。
3. 锅中放入橄榄油烧热，放入蒜片，以小火炒香。
4. 放入蘑菇片及西红柿酱一起炒熟。
5. 将煮好的面条放入炒锅中快速拌匀再加入适量盐调味即可起锅，盛入盘中撒入新鲜香草即可。

吃出食疗力

意大利面多用硬小麦制作，富含蛋白质和多糖，而多糖不会引起血糖快速升高。对于糖尿病患而言，是非常好的主食。

增强抵抗力 + 促进代谢

西红柿奶酪意式色拉 （1人份）

营养分析档案

- 热　量：473.5千卡
- 脂　肪：39.1克
- 糖　类：10.4克
- 膳食纤维：2.0克
- 蛋白质：11.0克

材料

西红柿……2个
奶酪……30克
罗勒叶……5克
洋葱……半个

调味料

胡椒……适量
橄榄油……2大匙
葡萄酒醋……2大匙

做法

1. 将洋葱洗净去皮，切细丝；西红柿洗，净，切成片；罗勒叶清洗干净。
2. 将奶酪切成片状。
3. 在盘中铺上洋葱丝与罗勒叶，将西红柿片与奶酪片交替重叠放入盘中，淋上橄榄油与葡萄酒醋。
4. 撒上胡椒调味即可。

吃出食疗力

奶酪是牛奶浓缩的精华，所以钙的含量比牛奶高。由于制作奶酪时需要发酵，因此其乳酸菌含量很高，能增强人体抵抗力，促进代谢，增强人体活力。

日式素食

注重养生、爱吃豆腐和黄豆，经常饮用绿茶，是日本人多长寿的秘诀之一。

日本素食的特色

典型的日本饮食以清淡为原则，大多数日本人的日常饮食以鱼类、绿茶与豆类为主，烹调方式也多为水煮、生食、凉拌与清蒸。

少油与少调味料，着重突显食物原味的烹调方式，能避免人体摄取过多油脂，也能预防各种慢性疾病。

日本人也喜好饮茶，他们在日常生活中大量饮用绿茶。绿茶中含有丰富的儿茶素，具有预防癌症与抗氧化的良好功效。

日本清淡且注重素食的饮食文化，早已经成为闻名世界的健康实证。坐落在日本冲绳岛的大宜味村，是世界知名的长寿村，这里的村民普遍采取少肉，少盐，多食用豆腐、蔬果与黄豆的饮食方式。

该村的老年人很少患高脂血症等各种慢性疾病，更年期的女性也很少出现更年期的不适症状或骨质疏松现象。

日本的素食文化

喜好吃鱼与清淡食物的日本人，其实与素食文化有很深的渊源。从日本的饮食发展史中可见，日本曾是一个素食主义盛行的国家。

大约在3世纪，日本人多以新鲜蔬菜与谷类为主食，只偶尔食用一些鱼类与贝类，平常饮食中几乎不食用肉类。这是因为佛教传入日本后，日本人开始遵守佛教中对捕鱼与打猎的戒律。

当时的天武天皇颁布了禁止打猎与捕鱼的法令，同时也禁止食用鱼类与贝类。一直到明治维新时期，该禁令才被废除。

精进料理——日式素食的精髓

日本人发展出一套以素食为主要食材的精进料理，这是由日本禅宗制定的一套素食饮食与生活方式，也展现了日本素食文化的精髓。

日本佛教弟子将在中国寺庙学习的素食精髓予以传承与发扬光大，发展出了"精进料理"。这套料理背后蕴藏着深厚的哲学理念。

19世纪时，一位日本医生在一本倡导食疗的著作中，发表了长寿饮食健康法的理论，他的理论建立在中国古代阴阳五行的原理之上，推广以蔬菜与糙米为主的饮食方法。提倡通过食用豆类、糙米、全麦、蔬果来维护健康，糙米的量约占饮食总量的一半，并搭配蔬菜、豆类、海藻与少量的鱼类。

直到今天，长寿健康饮食法的观念仍为大部分注重健康的日本人推崇。

供给热量 + 帮助消化

预防肿瘤 + 补充营养

和风黄瓜寿司

营养分析档案

- 热　量：895.8千卡
- 脂　　肪：30.1克
- 糖　类：143.9克
- 膳食纤维：1.8克
- 蛋白质：12.4克

材料
黄瓜……4根
寿司米……150克
蛋黄酱……3匙
海苔皮……3张

调味料
寿司醋……4大匙
橄榄油……2小匙

做法
1. 将寿司米清洗干净，放入电饭锅蒸熟。
2. 将米饭加入调味料拌匀，放凉；黄瓜洗净去蒂。
3. 将海苔皮烘干，铺在竹卷帘上，再铺上米饭。
4. 将黄瓜均匀排在米饭上，加入蛋黄酱，并将海苔皮卷成长条，切片即可。

吃出食疗力
　　寿司米富含糖类等营养物质，能为人体提供足够的热量。寿司醋可以帮助人体消化与吸收大米中的营养物质，也具有保鲜的作用。

海带豆腐味噌汤

营养分析档案

- 热　量：168.2千卡
- 脂　　肪：4.7克
- 糖　类：17.6克
- 膳食纤维：2.2克
- 蛋白质：14.2克

材料
海带芽……25克
豆腐……2块
蔬菜高汤……800毫升

味噌……25克
葱花……少许

做法
1. 将海带芽洗干净，浸泡于水中。
2. 将豆腐洗净，切小块。
3. 锅中放入蔬菜高汤煮滚，加入味噌混合拌匀。
4. 加入豆腐块以大火炖煮，并加入海带芽一起煮熟，撒上葱花即可。

吃出食疗力
　　味噌是用黄豆制成的营养食品，黄豆中的植物性雌激素被证实能抑制体内雌激素的释放，进而能预防恶性肿瘤，有助于减少罹患乳腺癌、子宫内膜癌等的风险。

韩式素食

韩国人爱吃生鲜蔬菜，常将各种蔬菜放在小碟子中加上调味料调拌，让人食欲大增。石锅拌饭和泡菜也是很受欢迎的韩式素食。

韩国的素食特色

韩国人每日的饮食中，生鲜的蔬菜占相当大的比例，腌渍蔬菜更是一日三餐中不可或缺的食物。用桔梗、白菜、萝卜、黄瓜等蔬菜，加上盐，并拌上各种芝麻、蒜泥、姜丝、辣椒酱等调味料来腌渍，能使蔬菜的口感变得清脆，令人食欲大增。

韩国人总是喜欢将各种拌好的蔬菜放在小碟、小盘中端上桌享用。这些小巧玲珑、色香味俱全的腌渍蔬菜热量低，营养则较为丰富。对于想要保持身材与健康的人来说，韩国的素菜饮食确实值得参考。

白菜是韩国人饮食中重要的养生食材，白菜具有止咳化痰的功效，还能防治乳腺癌。各种韩式泡菜中均可见到白菜，就连吃火锅也习惯放入大量的白菜。

另一种受欢迎的韩式素食就是石锅拌饭。即用米饭拌以胡萝卜丝、上海青、黄豆芽、香菇、黄瓜片及半熟的荷包蛋，加上辣椒酱、香油、芝麻、酱油、白糖等调味，做出的美味素菜拌饭。

石锅拌饭是早期勤俭的韩国人因珍惜剩菜剩饭而想出来的办法，至今依然被奉为国民美食。

韩国的素食文化

韩国人很擅长用蔬菜来做腌渍小菜，其中又以泡菜最能代表韩国的饮食文化。泡菜是一种以蔬菜为主要原料制作的发酵食品，它具有"酸、香、辛"的特质，是韩国人每天餐桌上的主要开胃菜。

韩国人通常用各式当季的蔬来来制作泡菜。春天腌渍萝卜与白菜泡菜，夏季制作黄瓜与小萝卜泡菜，秋天则制作辣白菜与辣萝卜块。

泡菜不仅是开胃佳品，同时也是养生保健的食物。近年的研究发现，韩国泡菜有分解脂肪的功效，这是因为发酵的泡菜里含有分解脂肪的酶。

因此，尽管韩国人同样也爱吃牛肉与猪肉，却不易罹患肥胖症与各种慢性疾病。用蔬菜腌渍泡菜，已经成为韩国人的生活智慧了。

预防便秘+降低胆固醇

消食化痰+帮助代谢

韩国泡菜炒饭

营养分析档案

- 热　量：774.8千卡
- 脂　肪：4.8克
- 糖　类：167.0克
- 膳食纤维：4.8克
- 蛋白质：16.0克

材料

韩式泡菜……30克	盐……1/3小匙
素火腿……20克	黑胡椒……少许
小白菜……10克	食用油……适量
米饭……2碗	

做法

1. 将素火腿切丁；小白菜清洗干净切段。
2. 锅中放油烧热，放入韩国泡菜快速拌炒，放入小白菜段与素火腿丁一起拌炒。
3. 放入米饭，以大火快炒，加入调味料调味即可。

吃出食疗力

　　泡菜的营养极为丰富，它以白菜等蔬菜为原料制作，含有维生素A、维生素B、维生素C、钙、磷、铁、胡萝卜素、辣椒素、膳食纤维、蛋白质等，具有杀菌、抗癌、预防便秘、降低胆固醇等多种作用。

韩风辣萝卜

营养分析档案

- 热　量：446.1千卡
- 脂　肪：6.0克
- 糖　类：84.7克
- 膳食纤维：18.5克
- 蛋白质：13.3克

材料 **调味料**

胡萝卜……2根	辣椒粉……60克
白萝卜……2根	姜泥……3大匙
味噌……40克	白糖……1大匙

做法

1. 将白萝卜洗干净，连皮切块；胡萝卜洗净，切小块。
2. 将味噌、白糖、白萝卜块与胡萝卜块放入保鲜盒中搅拌均匀，静置，等待蔬菜释出水分。
3. 等水分刚好腌过蔬菜时，加入其余调味料拌匀，盖上盒盖，放入冰箱中冷藏，隔天取出食用即可。

吃出食疗力

　　白萝卜清热生津、消食化痰，还可促进消化。而白萝卜大部分的营养储存在萝卜皮里，这道泡菜保留了白萝卜的皮，因此营养更全面、均衡。

印度素食

印度的素食者非常多，而且因为历史与宗教等原因，还演变出不同的素食派别。很多社会名流以吃素展示出身的高贵。

印度的素食特色

印度大概是目前全世界吃素人口最多的国家，全印度大约有超过四成的人吃素，印度可以说是名副其实的"素食王国"。

在印度，素食非常普及，而且各地有各地的特色。印度北部的素食主角是瓦拉纳西，这是一种加入菠菜、豆类与奶酪一起烹调的素食；印度南部的素食主要是浸泡过酥油的米饭，搭配胡椒汤、豆类与蔬菜。

印度的点心也多以素食为主，如咖喱饺是以土豆、蔬菜、豆类加入咖喱粉做成的点心。此外还有用扁豆泥加入发酵大米做成的德沙（Dosa），用蔬菜裹粉油炸的帕可拉（Pakora）。

印度人喜欢的甜点也多是素食，大多采用椰子粉、奶酪、豆类、大米、蜂蜜或白糖为原料，制成甜度很高的甜品。饮品则主要是加入大量牛奶的奶茶。因此尽管印度人大多茹素，却不易出现营养缺乏的问题，在印度，大多数长寿者都是素食主义者。

印度的素食文化

印度的素食传统源自古代大乘佛教所强调的"不杀生"观念，印度的素食者基于慈悲与不杀生的立场，在日常的饮食中皆严禁吃肉食。

地位高者多吃素

除了宗教因素，印度传统文化中的种姓制度也造就了印度的吃素文化。

在印度社会中，有文化、有地位的人多会吃素，许多达官显贵与社会名流会通过吃素来宣扬自己的社会地位。印度官方宴请国外使节或贵宾，也多用素食国宴来款待。

发展出多种素食派别

因为历史与宗教的原因，印度素食发展出了不同派别。比如，其中一个派别多用较多奶油与面粉来烹调食物，完全不使用洋葱与大蒜，只用蔬菜与生姜。

另一个属于印度耆那教的派别对饮食的要求非常严格，凡是阳光照不到的蔬菜都不能吃，包括所有埋在土地下面的蔬菜，如土豆、红薯、芋头、萝卜等根茎类蔬菜。

印度的素食派别还包括不食五辛的植物素食派，他们不食用带有辛香气味的蔬菜，如洋葱、大蒜、韭菜、葱等。他们认为这类食物因为含有辛辣物质，容易助长人的贪欲之心与暴躁脾气。

杀菌防癌+预防动脉硬化

降低胆固醇+补充营养

咖喱土豆

1人份

营养分析档案

- 热　量：465.2千卡
- 脂　肪：17.8克
- 糖　类：67.0克
- 膳食纤维：9.1克
- 蛋白质：9.3克

材料
土豆……3个
牛奶……100克
欧芹叶……适量

调味料
橄榄油……2小匙
咖喱粉……1大匙

做法

❶ 将土豆去皮切块，泡入水中备用。

❷ 热锅中放油烧热，放入土豆块拌炒。

❸ 加入2杯清水，以大火煮滚，转中火再煮10分钟。

❹ 土豆煮熟软后，加入咖喱粉、牛奶搅拌。

❺ 再煮约3分钟，待汤汁浓稠即可起锅，放上欧芹叶即可。

吃出食疗力

　　咖喱是由数十种植物制成的调味品。研究显示，咖喱中使用的植物都具有一定的抗菌、抗病毒、降血脂、降低胆固醇、预防动脉硬化和抗癌的作用。

什锦咖喱蔬菜

1人份

营养分析档案

- 热　量：451.1千卡
- 脂　肪：11.2克
- 糖　类：74.7克
- 膳食纤维：22.5克
- 蛋白质：12.9克

材料
胡萝卜……60克
土豆……2个
卷心菜……60克
洋葱……50克
西红柿……50克
姜片……2片

调味料
咖喱粉……3大匙
橄榄油……1大匙
鲜奶油……1大匙
料酒……2大匙
盐……1小匙

做法

❶ 将胡萝卜、土豆、洋葱、西红柿洗净，去皮切块；卷心菜洗净，切成大片。

❷ 锅中放油烧热，倒入姜片爆香，加入蔬菜一起拌炒，加入料酒、盐调味，倒入2碗清水，以大火炖煮。

❸ 汤汁煮滚后转成小火，将蔬菜煮软。

❹ 加入咖喱粉后略煮5分钟，最后淋上少许鲜奶油即可。

吃出食疗力

　　咖喱有降低总胆固醇、预防动脉硬化的作用。配以洋葱、胡萝卜和土豆等，是相当健康的素食佳肴。

中国素食

在中国的不同省份，发展出了不同的素菜流派，甚至出现了仿荤菜的模式，进而创造出了更精致的菜肴。

中国素食特色

中国素食发展出了三个流派，分别是寺院素食、宫廷素食、民间素食。

❶ **寺院素食**：寺院素食是指佛家寺庙中供应的素食佳肴，提供的是全素的饮食，完全不使用鸡蛋、葱或大蒜等材料。到了近代，中国一些有名的寺院相继开设素菜馆，如上海玉佛寺、杭州灵隐寺、扬州大明寺，便于喜爱素食的食客与出家人享用。

❷ **宫廷素食**：宫廷素食始创于宫廷，主要制作精美的素食餐点供帝王享用，后来才流传于民间。清朝的御膳房中便有荤局、素局、饭局与点心局四种，其中素局便负责烹调素食。清朝宫廷素食的特色是制作非常精细，搭配菜色繁多。

❸ **民间素食**：民间素食指的是民间素菜馆烹制的素食和家常烹调的素菜。民间素食包括各种海产、动物油脂与肉汤等，且不忌葱、大蒜与蛋类。

中国素食文化

中国的饮食文化源远流长，素菜在中国也有悠久的发展历史。中国的素菜具有考究的制作技巧与丰富的品种，精致程度绝对不亚于肉类菜肴。

豆腐是中国素菜中最重要的食材

中国的素菜文化最早要追溯到西汉时期。西汉淮南王刘安发明了豆腐，这是中国素菜文化发源的重要标志。

豆腐是素食中最重要的食材，也是素食中植物蛋白的丰富来源。豆腐的发明丰富了素食的内涵，也给素食带来了发展的契机。

中国最早的素食食谱出现在北魏，当时的《齐民要术》中专列有素菜的篇章，介绍了十余种素食的烹饪方法。

南朝的梁武帝崇尚佛学，他终身吃素，并大力倡导素食，推动了中国素菜文化的发展，对中国素菜文化具有一定的贡献。

成书于南宋的《山家清供》记载了100多种食物，其中绝大多数是素食，包括水果与各种豆类制品。到了元明清三代，中国素食品类更为丰富，清代末期甚至出现了素食专著《素食说略》，里面至少记录了200多道素食。

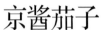 保护血管+防衰抗老

 提高免疫力+促进脂肪代谢

京酱茄子 1人份

营养分析档案

- 热　量：216.1千卡
- 脂　肪：8.4克
- 糖　类：30.1克
- 膳食纤维：7.3克
- 蛋白质：5.0克

材料
茄子……300克
葱花……5克
姜末……5克
新鲜香草……2克

调味料
甜面酱……25克
食用油……200克
酱油……2大匙
白糖……1小匙
水淀粉……1小匙
盐……1/2小匙

做法

1 将茄子洗净切片，放入锅中油炸成金黄色，捞出备用。

2 锅中放油烧热，加入葱花与姜末，加入甜面酱炒匀，并加入适量清水混合拌匀。

3 放入茄子片与酱油、白糖、盐一起烧煮。

4 煮熟后加水淀粉勾芡，盛入盘中，装饰上新鲜香草即可。

吃出食疗力

　　紫皮茄子的皮中含有丰富的维生素E、芦丁，对保护心血管、延缓人体衰老、预防毛细血管破裂和降低胆固醇均有帮助。

珍珠丸子 6人份

营养分析档案

- 热　量：735.5千卡
- 脂　肪：26.6克
- 糖　类：107.0克
- 膳食纤维：2.1克
- 蛋白质：16.9克

材料
高纤素绞肉……60克
糯米……120克
欧芹叶……适量

调味料
盐……1/3小匙
胡椒粉……1/2小匙
料酒……1小匙
淀粉……2小匙

做法

1 将糯米清洗干净，浸泡一晚，沥干备用。

2 将素绞肉加入热水中泡软，沥干备用。

3 将素绞肉加入调味料混合均匀，以手捏成丸子。

4 将捏好的丸子表面均匀蘸裹上一层糯米。

5 把做好的珍珠丸子放入蒸锅中蒸10分钟，盛入盘中，装饰上欧芹叶即可。

吃出食疗力

　　高纤素绞肉中含有许多植物性营养成分，如可清除肠道废物的膳食纤维、可提高免疫力的大豆异黄酮、促进体内脂肪代谢的皂苷。

颇具特色的台湾地区素食

台湾地区吃素的人口有几百万，全台湾各地的素食餐厅有几千余家。台湾的素食沿袭台菜制作的精髓，无论是食材还是制作都相当讲究，选择的种类也很多。在台湾，可以在高级餐厅或小吃摊，品尝到各种风味的素食菜肴。

在台湾地区，无论是传统的素食，还是地方小吃、自助餐、日本料理、火锅、东南亚料理等，都找得到纯素食的踪影。目前，在台湾地区已经形成一种新的素食风尚，几乎每个城市都找得到新形式的有机素食概念餐厅。

台湾地区的素食料理也因各色美味的腌渍蔬菜而更显多元化。以客家菜为例，其以芥菜为主要原料，发展成各种具有客家风味的腌渍酸菜、福菜或梅干菜。

现如今，一股追求身心建康与环保的潮流，正促使更多人采用素食的饮食方式。

从仿荤素食到蔬果素食

台湾地区传统素食在新观念的推动下，从过去几乎只吃纯豆类加工制品的仿荤素食，转变成以蔬菜、五谷与菇类为主的素食。后者在烹调上追求美味与健康，符合大众口味，使更多人乐于接受素食饮食方式。

目前在台湾地区也有多种推广素食的机构成立，如各种素食推广协会。而台湾各地以推广素食为主的课程也百花齐放，成为传播台湾地区素食文化的重要方式。

预防结肠癌+健脑益智

保护神经+降低胆固醇

三杯豆腐

营养分析档案

- 热　量：1038.6千卡
- 脂　肪：81.0克
- 糖　类：37.2克
- 膳食纤维：1.5克
- 蛋白质：40.2克

材料
百叶豆腐……300克
罗勒叶……6克
姜片……4片

调味料
香油……2大匙
酱油……3大匙
色拉油……1小匙
白糖……30克

做法
1. 将豆腐洗净切块备用；白糖加水混合成糖水。
2. 锅中放油烧热，放入姜片爆香。
3. 将百叶豆腐块放入锅中，与姜片大火快速拌炒。
4. 将香油、酱油、糖水这三杯调味料加入锅中，以小火焖烧8分钟，直到汤汁收干。
5. 加入罗勒叶快速搅拌混合即可。

吃出食疗力

　　豆腐是植物蛋白的上佳来源，有"植物肉"的美称。豆腐里含有的植物固醇能降低胆固醇，预防结肠癌和心血管疾病；所含的大豆卵磷脂则有益于神经、血管、大脑的生长发育。

客家小炒

营养分析档案

- 热　量：488.0千卡
- 脂　肪：19.3克
- 糖　类：26.5克
- 膳食纤维：6.0克
- 蛋白质：52.1克

材料
豆腐干……180克
芹菜……100克
辣椒……2根
面肠……80克
大蒜……2瓣

调味料
酱油……2大匙
白糖……1大匙
料酒……2大匙
食用油……1小匙

做法
1. 将豆腐干洗净，切成细长条。
2. 将芹菜洗净，切成小段；面肠斜切成细丝。
3. 将辣椒洗净，切细丝；大蒜切成细末。
4. 将油锅烧热，加入豆腐干条与蒜末拌炒。
5. 加入面肠丝、芹菜段、其余调味料与辣椒丝充分拌炒至蔬菜熟软即可。

吃出食疗力

　　客家小炒中最主要的食材为以黄豆制成的豆腐干，豆腐干含有丰富的不饱和脂肪酸及磷脂。磷脂对神经系统的发育以及降低胆固醇很有帮助。

加工素食产品简介

以下介绍几种常见加工素食产品，这些产品以面筋、豆类、魔芋、香菇等制成，有的在外观上仿荤食制作，就连吃起来的口感都与荤食接近。

面肠

把生面筋揉卷成肠子状煮熟，就成为面肠。

面筋球

把生面筋揉卷成球状后煮熟。

烤麸

以生面筋切块煮熟所制成的食材。

素肉片

以豆腐皮经过特殊调味，做成肉片的形状。

素碎肉

以干豆腐皮或是香菇制成肉末状美食。

素肉块

以生面筋切块油炸而成，具有嚼劲。

五香豆干

把豆腐干放入卤汁中浸煮而成，口感较硬。

豆肠

豆腐皮调味后，再做成猪大肠的样子。

豆包

将湿豆腐皮折叠、调味，制成中间有夹层的豆包。

油面筋

把生面筋分成小块，入油锅炸至起泡且呈金黄色，在起锅前再以大火略炸，捞出后即成为油面筋。

百叶

豆浆加入凝固剂以后，倒入铺平的布上，由上往下加压，形成一层薄片，就是百叶。百叶切丝后便是豆腐丝。

豆腐衣

将豆浆以小火加热，以细竹片挑取表面凝结的一层薄膜，卷成圆筒状，干燥后即成豆腐衣。

素海参

以魔芋或卡德兰胶（类似明胶的食品添加剂）做成海参状。

素火腿

将豆腐皮用调味料浸泡入味，用布和绳子包捆成圆筒状，外表与肉制火腿十分相似。

素肚

将生面筋捆绑成中空球形煮熟，口感较韧、较有弹性。

素鸡

素鸡有以豆制品压模制成整只鸡的形状，也有以豆腐皮制成类似素火腿的样子。

素鱼

素鱼有以豆制压模制成整条鱼的形状，也有以豆腐皮制成类似素火腿的样子。

素腰花

多以魔芋制成，切成猪腰花形状，热量较低。

含章新实用 全新图鉴系列
HAN ZHANG XIN SHI YONG

经典·科学·实用
生活百科全图鉴
图文并茂 万余张高清图片赏心悦目
通俗易懂 大容量生活常识速查速用

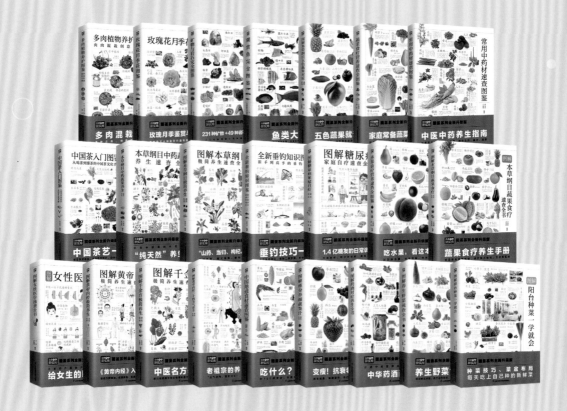

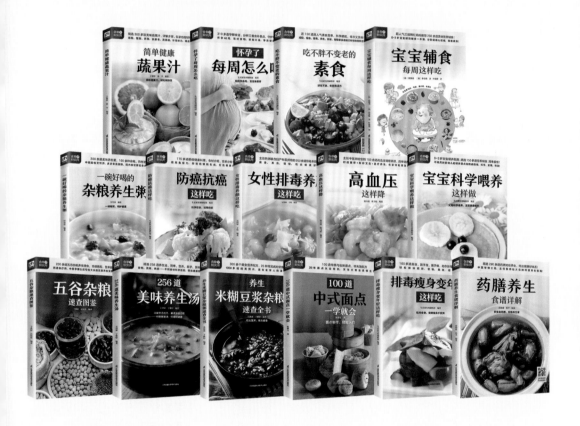

图书在版编目（CIP）数据

吃对素食健康满分 / 生活新实用编辑部编著. —南京：江苏凤凰科学技术出版社，2024.2
（含章. 食在好健康系列）
ISBN 978-7-5713-3719-3

Ⅰ.①吃…　Ⅱ.①生…　Ⅲ.①素菜–菜谱　Ⅳ.
①TS972.123

中国国家版本馆CIP数据核字（2023）第159615号

含章·食在好健康系列

吃对素食健康满分

编　　　著	生活新实用编辑部	
责 任 编 辑	汤景清	
责 任 校 对	仲　敏	
责 任 监 制	方　晨	

出 版 发 行	江苏凤凰科学技术出版社	
出版社地址	南京市湖南路 1 号 A 楼，邮编：210009	
出版社网址	http://www.pspress.cn	
印　　　刷	天津丰富彩艺印刷有限公司	

开　　　本	718 mm × 1 000 mm　1/16	
印　　　张	16	
插　　　页	4	
字　　　数	348 000	
版　　　次	2024 年 2 月第 1 版	
印　　　次	2024 年 2 月第 1 次印刷	

标 准 书 号	ISBN 978-7-5713-3719-3	
定　　　价	56.00元	

品质悦读｜畅享生活